Maria Steinmetz · Heiner Dintera

Lösungsschlüssel Deutsch für Ingenieure

2., überarbeitete und erweiterte Auflage

Maria Steinmetz
Berlin, Deutschland

Heiner Dintera
TU Ilmenau International School (TUIIS)
Ilmenau, Deutschland

ISBN 978-3-658-19893-0   ISBN 978-3-658-19894-7 (eBook)
https://doi.org/10.1007/978-3-658-19894-7

Die Deutsche Nationalbibliothek verzeichnet diese Publikation in der Deutschen Nationalbibliografie; detaillierte bibliografische Daten sind im Internet über http://dnb.d-nb.de abrufbar.

Springer Vieweg
© Springer Fachmedien Wiesbaden GmbH 2016, 2018

Lektorat: Thomas Zipsner
Gestaltung und Satz: Robert Haselbacher und Florian Hauer

Gedruckt auf säurefreiem und chlorfrei gebleichtem Papier

Springer Vieweg ist Teil von Springer Nature
Die eingetragene Gesellschaft ist Springer Fachmedien Wiesbaden GmbH
Die Anschrift der Gesellschaft ist: Abraham-Lincoln-Str. 46, 65189 Wiesbaden, Germany

Lösungsschlüssel
Deutsch für Ingenieure

Maria Steinmetz
Heiner Dintera

Themen	Inhalte		GER
8. Kapitel Energietechnik 1 → 122	8.1.	Energiebegriff → 123	**B1**
	8.1.1.	Energiebegriff und Energieeinheiten → 123	
	8.1.2.	Textaufgaben → 124	**B1**
	8.1.3.	Partner-Quiz zu den Energieeinheiten → 126	
- Abkürzungen und Einheiten	8.2.	Energieformen – Erscheinungsformen → 127	
- Verben und Verbverbindungen	8.3.	Energieformen – Energieträger → 128	
- Komposita, Fugen-s	8.4.	Energieverbrauch → 130	
- Komprimierte Sätze – Attribute	8.5.	Regenerative Energieträger → 131	**B2**
- Paraphrasieren	8.5.1.	Photovoltaik → 131	
	8.5.2.	Wie funktioniert eine Solarzelle? → 132	
	8.5.3.	Solarthermie → 134	
	8.5.4.	Geothermie → 135	
9. Kapitel Energietechnik 2 → 137	9.1.	Windenergie → 138	**B2**
	9.1.1.	Windkraftanlagen → 138	
	9.1.2.	Welche Ingenieurleistungen stecken in einer WEA? → 139	
- Genitivsätze	9.2.	Strombedarf und Belastung des Stromnetzes → 142	
- Nominal- und Verbalstil	9.3.	Wasserkraft → 143	
- Passiv oder reflexiv?	9.3.1.	Typen von Wasserkraftwerken → 144	
- Interpretieren	9.3.2.	Pumpspeicherwerke → 145	
- Recherchieren	9.3.3.	Wasserturbinen → 147	
10. Kapitel Lösungen aus der Natur für die Automatisierungstechnik und Industrie → 149	10.1.	Bionik → 151	**B2**
	10.2.	Bionik in der Praxis - das Beispiel Festo → 153	
	10.2.1.	Das Unternehmen Festo → 153	
	10.2.2.	Bionic Learning Network → 154	
- Komplexe Nominalphrasen	10.2.3.	Bionische Prinzipien → 155	
- Komposita	10.2.4.	Modellhafte technische Objekte → 156	
- Beschreibung: Prozesse, Bilder, Methoden	10.2.5.	Methoden in der Bionik → 157	
	10.2.6.	Von der Bionik zur Biomechatronik → 158	

Themen	Inhalte		GER

Einführung

Mit diesem Lehrerband kommen wir dem Wunsch vieler Kolleginnen und Kollegen nach, die sich die *Lösungen* zu den Aufgaben in dem kombinierten Lehr- und Arbeitsbuch „Deutsch für Ingenieure" gewünscht haben. Aus nahe liegenden Gründen wollten wir die Lösungen für die vielen Aufgaben nicht *im* Buch angeben, aber bei Bedarf sollen sie vorliegen.

Ausgangspunkt

Bei *fachsprachenorientierten DaF-Kursen* besteht häufig das Problem, dass sich die Dozenten zwar als Experten der deutschen Sprache fühlen, aber höchst selten als Experten des jeweiligen Faches. Sehr oft sind die Studierenden *im fachlichen* Sektor ihren DaF-Lehrenden überlegen. Und die Lehrer fühlen sich etwas verunsichert, wenn sie fachlich nicht so recht Bescheid wissen.

Vernetzung von zwei Wissensstrukturen

Wenn man es genau betrachtet, dann findet in einem gelungenen Fachsprachenunterricht (FSU) eine Vernetzung von zwei Wissensstrukturen statt: Die *Lerner* kommen *mit fachlichen Vorwissen* in die DaF-Kurse und wollen Deutsch lernen, um später *durch Fremdsprachenkenntnisse fachlich-beruflich* bessere *Chancen* und Möglichkeiten zu haben. Damit das aber funktioniert, brauchen sie spezielle *fachsprachliche* DaF-Kenntnisse. Die Lehrenden verfügen über die Wissensstrukturen in Bezug auf die Zielsprache Deutsch, nämlich die Philologie der Fremdsprache und die Didaktik ihrer Vermittlung, aber selten sind sie in den jeweiligen Fächern, deren Fach*sprachen* für die Lerner so nützlich sind, ausgebildet. Für technisch-naturwissenschaftliche Fächer trifft dies besonders häufig zu. Das Spezielle an erfolgreichem FSU ist jedoch, dass *die sprachlichen Mittel*, die man *zum Einstieg in die Kommunikation im Fach* benötigt, gelehrt und gelernt werden. Andererseits sind diese sprachlichen Mittel nicht vom Fach zu trennen. Im Idealfall findet im Fachsprachenunterricht eine konstruktive Zusammenarbeit zwischen zwei Expertengruppen statt – den *Studierenden als den Fachexperten* und den *Lehrenden als den Fremdsprachenexperten*. D. h. wenn die DaF-Lerner in die Lage kommen, ihren DaF-Lehrern *in der Fremdsprache Deutsch* fachliche Inhalte verständlich zu erklären und zu beschreiben und mit ihren Mitstudierenden, über Fachinhalte auf Deutsch diskutieren, dann wird die Kommunikation authentisch und interessant. Es ist für Lehrer erfreulich, wenn sie nicht immer alles vorher wissen müssen, sondern neue Inhalte erfahren können, es ist für Lerner motivierend, sich mit anderen im Medium der Fremdsprache über Fachliches auszutauschen und ihren Lehrern etwas zu erklären. Allerdings erfordert dies eine deutliche

Veränderung der sozialen Rollen von Lehrenden und Lernenden – was bekanntlich nicht leicht fällt und auch zu Rollenkonflikten führen kann. Außerdem: bis es so weit ist, dass der oben skizzierte Idealfall eintreten kann, dauert es ein bisschen, denn die Studierenden müssen ja erst vertraut werden mit den fachsprachlichen Mitteln … wenn also der vorliegende Lehrerband mit integriertem Lösungsschlüssel auf dem Weg dorthin eine kleine Hilfe ist, damit für alle Beteiligten das Sprachenlernen und -lehren mit „Deutsch für Ingenieure" möglichst stressfrei und erfolgreich abläuft, dann hat er seinen Zweck erfüllt.

Über Anregungen, Kritik und Feedback freuen wir uns immer!

Maria Steinmetz und Heiner Dintera
deutschfueringenieure@gmail.com

Überblick

Das Buch enthält:
1. Allgemeine Lehrerinformationen zu den Aufgaben und Lösungen
2. Zu jedem der 12 Kapitel: Hintergrundinfos, konkrete Tipps und die Lösungen

Aufgabentypen

Lehrerinfo

In den zwölf Kapiteln von „Deutsch für Ingenieure" befinden sich über 400 Aufgaben, die sich in drei Gruppen einteilen lassen:
1. Aufgaben mit einer eindeutigen Lösung → geschlossene Aufgaben
2. Aufgaben mit verschiedenen möglichen Varianten einer Lösung
   → halb offene Aufgaben
3. Aufgaben, deren Lösung nur von den Lernern abhängt → offene Aufgaben

Aufgaben genau lesen

Das Allerwichtigste ist, dass Sie – vor allem am Anfang – Ihre Lerner dazu anhalten, die Aufgabenstellung ganz genau zu lesen, damit sie wirklich verstehen, was sie machen sollen. Denn die Aufgaben sind sehr unterschiedlich; es gibt „klassische" Aufgaben wie Lückentext, Multiple-Choice-Fragen zum Ankreuzen oder Assoziationsrose („Wortigel"), die jeder kennt, aber es gibt auch sehr viele Aufgaben, die zu diversen sprachlichen Handlungen auffordern, zu Reflexionen, zu Recherchen, zum Formulierungen, zu Fragen etc. Vor allem gibt es viele authentische Aufgaben im Fach, in denen also nicht nur über Fachliches gesprochen, sondern wirklich gerechnet, recherchiert, protokolliert etc. wird. Man findet in „Deutsch für Ingenieure" eine Fülle von fach*sprachlichen* Übungen, aber eben auch sehr viele Aufgaben, in denen die *Fachsprache konkret angewandt* wird.
Einer der Gründe, warum wir bei der Produktion des Buches die Form eines traditionellen, kombinierten Lehr- und Arbeitsbuches – und nicht eine Online-Version – gewählt haben, war ja die Möglichkeit, unbegrenzt vielfältige Aufgaben stellen zu können. Damit waren wir *nicht* an eine begrenzte Anzahl von Aufgabenformen gebunden, wie es bei E-Learning-Programmen aus technischen Gründen der Fall sein kann. Wir haben uns also bemüht, in der Aufgabenstellung so abwechslungsreich und nahe am fachlichen Inhalt wie nur möglich zu bleiben. Das hat aber nur dann Sinn, wenn die Aufgabenstellungen genau rezipiert und im Detail verstanden werden.
Um jedoch für die Lehrenden einen schnellen Überblick zu bieten und dem vorliegenden Lösungsschlüssel eine klare Struktur zu geben, haben wir alle Aufgaben in die drei Typen „geschlossen – halb offen – offen" eingeteilt. Dementsprechend hat der Lösungsschlüssel folgende Form:

1. Aufgaben mit einer eindeutigen Lösung

geschlossen

Bei den Aufgaben mit einer *eindeutigen Lösung* ist diese in `schwarzer Schreibmaschinenschrift` angegeben. Der Anfang der jeweiligen Aufgabe ist (in blauer Schrift) genau wie im Buch sichtbar. Nur bei diesen Aufgaben gibt es eine klare Unterscheidung von „richtig" und „falsch".

Beispiel aus Kapitel 5

A13: Formulieren Sie die Sätze um, indem Sie Adjektive mit –bar oder –los verwenden.

d) Eisen lässt sich besser verformen als Bronze.

`Eisen ist besser verformbar als Bronze.`

e) Ein guter Metallarbeiter wird nie ohne Arbeit sein.

`Ein guter Metallarbeiter wird nie arbeitslos sein.`

2. Aufgaben mit verschiedenen Varianten einer Lösung

halb offen

Die halb offenen Aufgaben erlauben verschiedene Varianten einer Lösung; meist enthalten sie vorstrukturierte Elemente, wie z. B. passende Redemittel, eine anzuwendende grammatische Struktur, Vorschläge zum geeigneten Wortschatz, Zahlenmaterial etc. Im Lösungsschlüssel wird deshalb eine *Modelllösung* vorgestellt, die zeigt, wie eine gute Lösung aussehen *könnte*. - Wichtig ist, nicht nur diese eine modellhafte Lösung zu akzeptieren, sondern auch andere Varianten zuzulassen und zu prüfen; besonders wichtig ist es, die Lerner diskutieren und begründen zu lassen, warum und wie sie zu ihrer jeweiligen Lösung gekommen sind.

Beispiel aus Kapitel 7

A 14: Bilden Sie mindestens zehn Sätze zur Abbildung 3 (digitales Messgerät). Mögliche Satzanfänge sind:
- Hier schließt man ... an
- Hier wählt man ...
- Hier testet man ...
- Hier liest man ... ab

Modelllösungen

`Hier schließt man den Strom bis 20 A an.`
`Hier wählt man den Messbereich für Wechselstrom.`
`Hier testet man die Dioden.`
`Hier liest man die Wechselspannung ab.`

3. Aufgaben mit nur lernerspezifischen Lösungen

offen

Die Antworten auf offene Aufgaben und Fragen kann man nicht vorwegnehmen, da sie nur von den Lernern abhängen und die verschiedensten Varianten möglich sind.

Beispiel aus Kapitel 1

A 16: Diskutieren Sie:
Was macht eine gute Universität aus? Nach welchen Gesichtspunkten haben Sie Ihre Universität ausgewählt?

Die Intention des Unterrichts ist nicht Fehlerlosigkeit, sondern *sprachliche Handlungsfähigkeit*. Jede sich dabei ergebende Diskussion, ob und warum die von den Lernern vorgeschlagenen Antworten passen – oder auch nicht – sind ein willkommener Anlass zum freien, fachsprachlich orientierten Reden. Je mehr die Lerner ihre Äußerungen begründen, erklären, darstellen, mit Argumenten untermauern oder ihnen widersprechen, desto näher kommen sie dem obersten Lernziel „Fachkommunikative Handlungsfähigkeit".

Fazit

Bei allen geschlossenen Aufgaben mit einer eindeutigen Lösung ist diese im vorliegenden Schlüssel angegeben. Bei halb offenen Aufgaben gibt es eine mögliche Modelllösung, bei den offenen keine vorgegebene Lösung. Seien Sie bitte sparsam mit der Klassifizierung „Falsch" und „Richtig", sondern fragen Sie lieber einmal zu viel als zu wenig nach den Gründen für eine Antwort! Und achten Sie bitte darauf, dass die Aufgabenstellung wirklich klar verstanden wurde.

Wichtiger Hinweis

Viele geschlossene Aufgaben sind in *Tabellenform* geschrieben und erfordern eine Zuordnung. Aus Platzgründen können nicht alle Tabellen noch einmal abgedruckt werden. Nummerieren Sie bitte die 1. Spalte und versehen Sie die 3. Spalte mit kleinen Buchstaben, dann sind die Lösungen (= Zuordnungen) eindeutig.

Beispiel aus Kapitel 8

A3: Was bedeuten die Verben in der 1. Spalte? Suchen Sie die passende Erklärung und verwenden Sie – wenn nötig – ein Wörterbuch.

Verben		Erklärung / Bedeutung
1. quantifizieren		a) (hier): Zahlen auf einer Skala feststellen
2. ablesen		b) Eigenschaften in Zahlen und messbare Größen umsetzen
3. umsetzen		c) aus einer Bindung lösen
4. freisetzen		d) in geänderter Ordnung oder Reihenfolge aufstellen

Lösung

1b, 2a, 3d, 4c

Lückentexte

Bei Lückentexten sind nur die fehlenden Wörter für die (nummerierten) Lücken angegeben.

Zusätzliche
Schreibaufgaben

Das Symbol bedeutet „externes Schreiben" und meint damit umfangreichere Schreibaufgaben, die *in ein Heft* geschrieben werden sollen. „Deutsch für Ingenieure" bietet als kombiniertes Lehr- und Arbeitsbuch zwar viele Gelegenheiten, Lösungen direkt ins Buch zu schreiben. Doch ist es sehr nützlich, zusätzlich den Stoff durch Schreiben zu festigen. Längere Schreibaufgaben und damit bewusste Sprachproduktion sind momentan leider etwas unmodern, aber dennoch mit das beste Mittel zum nachhaltigen Lernen und zur Automatisierung von Strukturen und Wortschatz. Die Aufgaben mit dem Symbol eignen sich vielfach als Hausaufgaben zur Vor- und Nachbereitung, als Vertiefung und zum Transfer. Sie lassen sich gut mit Methoden der Binnendifferenzierung, des Selbstlernens oder bestimmten Gruppenaufträgen kombinieren.

Technische
Gespräche

Am Ende von jedem Kapitel gibt es den Aufgabentyp „Technische Gespräche". Ihr Ziel sind komplexere sprachliche Handlungen, wobei mehrere sprachliche Fertigkeiten kombiniert werden können (mündliche und schriftliche Textproduktion und -rezeption, Recherchieren, Informationsverarbeitung aus Texten usw.). Sie gehören grundsätzlich zu den offenen Aufgaben, können aber vorgegebene sprachliche Elemente enthalten. „Technische Gespräche" lassen sich je nach Lernergruppe erweitern, zu Rollenspielen, Präsentationen, Kurzvideos, Zwischenprüfungen usw. ausbauen und/oder individuell abändern.

Leseverständnis
und authentische
Aufgaben

Die Lesetexte entsprechen unterschiedlichen Sprachniveaus, von A2 bis C1. Doch alle Texte – selbst die sprachlich einfachen Kurztexte – erfordern fachliches Mitdenken, damit sich die Lernenden daran gewöhnen, fremdsprachige Fachtexte direkt als Informationsquellen zu benutzen und nicht automatisch zu übersetzen. Dies gilt genauso für die Lehrenden; es ist nicht ihre Aufgabe, noch einmal zu sagen, was im Text steht, sondern für intelligente Textverarbeitung zu sorgen. Alle Aufgabenstellungen bieten dafür geeignete Möglichkeiten an. Besonders wichtig und motivierend sind die vielen authentischen Aufgaben, in denen reale Fragen diskutiert, recherchiert, berechnet und gelöst werden müssen. Jede zielgruppenspezifische Adaptation ist willkommen! Und noch einmal: Wir sind gespannt auf Ihre Erfahrungen: deutschfueringenieure@gmail.com

Zu Kapitel 1: Ingenieure „Made in Germany"

Lehrerinfo

Zum Inhalt

Das *inhaltliche* Hauptthema ist die Frage, was ein Ingenieur ist und wie man in Deutschland Ingenieur wird, das *sprachliche* die Wortbildung. Das Ziel ist klar: Die Lerner sollen sich einerseits im Fokus ihrer eigenen Berufswahl und Ausbildung wiederfinden können und andererseits *die* Informationen über das Bildungssystem in Deutschland bekommen, die ihren Beruf und für sie interessante Qualifikationsmöglichkeiten betreffen.

Für alle, die sich für Weiterbildungsmöglichkeiten in Deutschland interessieren, ist der Wortschatz rund um das Studium des eigenen Faches bedeutsam: Nur wer diese Lexik kennt, kann sich informieren, Bildungsangebote verstehen und vergleichen. Zur Recherche wie auch zur Bewerbung um qualifizierende Maßnahmen aller Art benötigt man die exakten Benennungen der thematischen Schwerpunkte im eigenen Fachgebiet, man muss wissen, wie die Fächer heißen, und man benötigt grundlegende Kenntnisse über die Begriffe, die zur Beschreibung von Bildungssystemen dienen.

Zum linguistischen Hintergrund

Das sprachliche Hauptthema, nämlich die Wiederholung der Wortarten und der Grundformen der Wortbildung im Deutschen, gründet sich auf die Basis der Fachsprachenlinguistik: 50 % der spezifischen Merkmale der Fachsprachen bestehen in der jeweiligen Lexik.

Denn die Fachsprachen sind ja dadurch definiert, dass darin keine anderen sprachlichen Mittel verwendet werden als in der Allgemeinsprache, dass aber die Verteilung und damit die Häufigkeit der verwendeten Mittel eine andere ist:

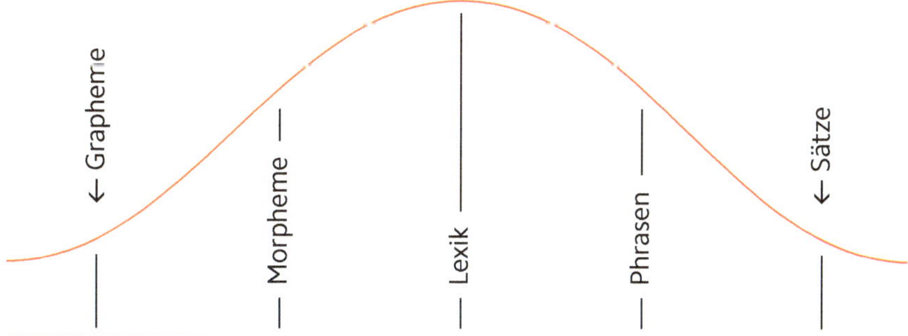

Nimmt man die blaue Linie als „Allgemeinsprache" und die rote Kurve als „Fachsprache", so sind die Unterschiede in der Lexik am größten, im mittleren

Bereich liegen die Unterschiede bei der Häufigkeit bestimmter Morpheme und Phrasen. Sätze und Grapheme unterscheiden sich am wenigsten. Diese Quantifizierung (nach Hoffmann 1984) entspricht der allgemeinen Erfahrung, dass Fachsprachen vor allem durch Fachwörter charakterisiert sind (Stichwort: „Fachchinesisch"), die ein fachlicher Laie nicht oder nur schwer versteht.

Nicht verwechseln: inhaltliche und fachsprachliche Schwierigkeiten

Didaktische Überlegungen

DaF-Lehrer scheuen oft vor fachlichen Texten und Themen zurück, weil sie selbst die Fachwörter und damit die darin enthaltenen Inhalte wenig oder kaum verstehen. Sie fühlen sich nicht kompetent, ihren Lernern diese „Inhalte" zu erklären. Dabei werden jedoch zwei Arten von Schwierigkeit verwechselt: die sprachlichen und die inhaltlichen Probleme. Denn während für die Lehrenden das Fachliche schwierig ist, ist für die DaF-Lerner nicht der fachliche Inhalt, sondern dessen *sprachliche Form* das Problem. *Nicht die Formel ist das Problem, sondern dessen Verbalisierung!*

Die DaF-Lehrer müssen also keineswegs die fachlichen Inhalte erklären – denn wenn die Lerner die nicht kennen, macht Fachsprachenlernen ohnehin keinen Sinn – sondern sie sollen die *sprachlichen Besonderheiten* vermitteln.

Fachlexik

Die größte Besonderheit liegt nun einmal in der Fachlexik. Und die Fachlexik – Begriffe, Begriffssysteme, Termini, genormte Bezeichnungen wie auch aus der Alltagssprache stammende, aber in fachlichen Zusammenhängen übliche Benennungen, Abkürzungen, Namen von Symbolen usw. – wird mit Wörtern ausgedrückt, die nach den vielfältigen Wortbildungsregeln des Deutschen gebildet werden.

Wortbildung

Deshalb ist die bewusste Kenntnis der zahlreichen Möglichkeiten der Wortbildung im Deutschen – Derivate, Ableitungen, Internationalismen, Wortfamilien, Kompositabildung usw. – ein absolut notwendiges Werkzeug für die Lerner, um die Fachlexik entschlüsseln zu können. Auch der sinnvolle Umgang mit Wörterbüchern ist ohne Verständnis für dieses sprachliche Regelwerk kaum möglich.

Das Thema „Wortbildung" taucht aus diesem Grund in „Deutsch für Ingenieure" immer wieder auf. Weil es so wichtig und elementar ist, steht es nach dem Prinzip des Spiralcurriculums gleich am Anfang.

Die Übungen in Kap. 1 dürften zum großen Teil Wiederholungen sein: die Wortarten Nomina, Verben und Adjektive (A 1), die Nominalisierung von Verben mit dem Suffix -ung (A 5), verwandte Wörter und häufige Suffixe bei der Adjektivbildung (A 6), Kompositabildung (A 23 und A 24). Achten Sie bitte darauf, dass die Grundregel, wie man im Deutschen Komposita bildet (S. 44, A 23), gefunden und memoriert wird.

In der ganzen Lektion sind sehr viele Komposita enthalten, die nur zu einem Bruchteil im Wörterbuch zu finden sind.

Strategie Wenn Sie gleich zu Beginn damit anfangen, die Komposita in bekannte und unbekannte Teile zu zerlegen und natürlich nur die *unbekannten* Wortteile im Lexikon zu suchen, erwerben Ihre Studierenden eine sehr nützliche *Strategie zur Entschlüsselung* von Fachlexik.

Übersetzung In „Deutsch für Ingenieure" wird wenig mit Übersetzungen gearbeitet, aber manchmal sind sie zur Verständnissicherung unvermeidlich. Wir beginnen deshalb mit der Übersetzung der Tätigkeitsfelder von Ingenieure (A10) und der Bezeichnungen für Fachbereiche, Studienfächer (A21) etc.

Wichtig ist dabei der Aspekt der *Mehrsprachigkeit:* Deutsch, Englisch und die jeweilige Muttersprache. Doch da weltweit viele Studenten in einer Sprache studieren, die nicht automatisch ihre Muttersprache ist, benützen wir zusätzlich den Begriff „Studiersprache".

Gleich im Rahmen von Lektion 1 sollten die Fragen „Wenn wir übersetzen - in welche Sprachen übersetzen wir und warum?" geklärt werden, selbstverständlich zielgruppenspezifisch für die jeweilige Sprachverwendungssituation. In vielen Ländern studiert man an den Hochschulen nach einem festen Lehrplan wie in der Schule. Erfahrungsgemäß wissen Studierende oft nicht genau, wie ihre Lehrveranstaltungen eigentlich heißen. Für eine Organisation des eigenen Studienplans, wie sie an deutschen Hochschulen üblich ist, ist aber die exakte Bezeichnung unumgänglich. Aber auch bei jeder Art von Bewerbung (für ein Praktikum, ein Stipendium, einen Job) ist die erste Frage: Was genau haben Sie studiert?

Geeignete Literatur zum Recherchieren Weiterführende Literatur, die sich für ähnliche Recherchen und Übungen eignet, sind Vorlesungsverzeichnisse von deutschen (Fach)Hochschulen, idealerweise von solchen, mit denen eine Hochschulpartnerschaft besteht. Vorlesungsverzeichnisse sind auch für sprachlich wenig Fortgeschrittene eine gut geeignete Textsorte, weil

- man als Leitfrage bei der Bearbeitung immer die Frage stellen kann: Wieviel % verstehen Sie? (Damit gibt es keine Erfolglosigkeit!)
- die Studierenden Parallelen und Unterschiede zu ihrem eigenen Lehrplan herausfinden können
- es keine Motivationsprobleme gibt
- man dabei automatisch die Methode des selektiven Lesens anwendet und an diesem Beispiel das selektive Lesen als *eine* Lesestrategie demonstrieren kann

Aufgabe 1	**Welche Wörter im …**
halb offen	Wörter = ist klar.
	Wortarten: Nomina, Verben, Adjektive

Aufgabe 2
offen

Was macht ein Ingenieur? Woher kommt das Wort …

Aufgabe 3
halb offen
Modelllösung

Beantworten Sie folgende Fragen …

1. Was bedeutet das Wort Ingenieur und aus welcher Sprache stammt es?

Das Wort stammt aus dem Lateinischen, es kommt von „ingenium" und

das bedeutet „sinnreiche Erfindung" oder „Scharfsinn".

2. Wie lautet die Definition für Ingenieur?

Die Definition lautet: „Ingenieure sind wissenschaftlich

ausgebildete Fachleute, die auf technischem Gebiet arbeiten."

3. Welche Aufgaben hat ein Ingenieur?

Er muss effektive Lösungen für technische Fragestellungen schaffen

und Technologien entwickeln: komplexe Systeme, Produkte oder neue

Anwendungen.

4. Welche Soft-Skills muss ein Ingenieur – neben dem Fachwissen –
   mitbringen?

Kreativität, Teamgeist, Verantwortungsbewusstsein für soziale,

politische und ökologische Fragen

1.1. Ingenieurwesen – was ist das?

Aufgabe 4
geschlossen

Suchen Sie im Text die Begriffe für…

(1) das Rätsel, (2) Innovation, (3) Scharfsinn, (4) effektiv,
(5) zukunftsträchtig, (6) komplex, (7) kreativ, (8) Verantwortungsbewusstsein

Aufgabe 5
geschlossen

Nominalisierung von Verben...
Verben: schaffen, verantworten, einführen, erfinden, realisieren
Nomina: die Anwendung, die Veränderung, die Lösung

Aufgabe 6
geschlossen

Verwandte Nomina und Adjektive ...
-isch: technologisch, politisch, ökologisch, spöttisch
-ig: geistig
-iv: effektiv, kreativ, innovativ
-lich: fortschrittlich, wissenschaftlich, verantwortlich

Aufgabe 7
offen

Fragen vor dem Lesen ...

Aufgabe 8
halb offen
Modelllösung

Beantworten Sie folgende Fragen mit Hilfe des Textes.
Die fünf großen Bereiche des Ingenieurwesens sind Maschinenbau /
Verfahrenstechnik, Elektrotechnik, Informatik, Wirtschaftsingenieur-
wesen / Wirtschaftsinformatik und Bauingenieurwesen / Architektur.
Es gibt viele spezialisierte Fachrichtungen, weil die Technik immer
komplexer und spezialisierter wird.

1.1.1. Die bekanntesten Fachrichtungen

Aufgabe 9
halb offen
Modelllösung

Vergleichen Sie Text und Grafik. Welche Unterschiede sehen Sie?
Der Text informiert über die verschiedenen Fachrichtungen, die zu den
Ingenieurwissenschaften gehören. Danach lassen sich fünf große Bereiche
unterscheiden: Maschinenbau / Verfahrenstechnik, Elektrotechnik, Informatik, Wirtschaftsingenieurwesen / Wirtschaftsinformatik und Bauingenieurwesen / Architektur. Zunehmend gibt es jedoch auch viele Spezialge-
biete. Als Ergänzung zum Text liegt eine Grafik vor über die Verteilung
der Ingenieuren nach Fachrichtungen. Alle Angaben sind in Prozent und
beziehen sich auf das Jahr 2017. Als Quelle ist VDMA Statista angegeben. Das Schaubild zeigt als größte Gruppe den Maschinenbau mit 48 %,
dann die Elektrotechnik mit 20 % und vier kleinere Gruppen (Verfahrenstechnik, Wirtschaftsingenieurwesen, Informatik und andere) mit 6 bis 10
%. Aus dem Schaubild geht hervor, dass z. B. die Verfahrenstechnik ein
eigener Bereich ist, aber im Text gehört die Verfahrenstechnik zum Maschinenbau. Unklar bleibt die Rolle der Informatik. Ist sie ein großer
oder ein kleiner Bereich? Oder wird sie in andere Fächer integriert?
Aber man sieht, wie viele Aufgaben die Ingenieure haben.

1.1.2. Tätigkeitsfelder von Ingenieuren: Was tun Ingenieure?

Aufgabe 10
geschlossen –
nur 1. Spalte

Ordnen Sie die Verben des folgenden Textausschnitts in die Tabelle …
(1) analysieren, (2) prüfen, (3) produzieren, (4) programmieren, (5) entwickeln, (6) verkaufen, (7) beraten, (8) konstruieren, (9) forschen

Wichtig!

Die Übersetzungen sollten vom Lehrer überprüft werden, damit sich hier keine Fehler einschleichen.

Aufgabe 11

Ordnen Sie den Textabschnitten passende Überschriften …

Forschung und Entwicklung

Innovationen haben gerade in Deutschland einen hohen …

Konstruktion

Konstruktionsingenieure sind am kompletten Prozess beteiligt: …

Produktion und Instandhaltung

Ingenieure in diesem Bereich planen und überwachen …

Montage und Inbetriebnahme

Für den Aufbau und die fristgerechte Inbetriebnahme von …

Technischer Service und Kundendienst

Ingenieure in diesem Bereich sind verantwortlich für …

Marketing und Vertrieb

Produkte müssen nicht nur entwickelt, sondern auch …

Controlling

Wirtschaftsingenieure koordinieren und kontrollieren …

Aufgabe 12
offen - Typ:
Technische
Gespräche

Gibt es in Ihrer Familie Ingenieure?
Alternativ könnte man hier auch Biografien berühmter Ingenieure behandeln.

Aufgabe 13
offen

Diskutieren Sie: Worin bestehen die Unterschiede zwischen …
Sie dient natürlich der Vorbereitung auf die Frage „Wie wird man Ingenieur?"

1.2. Wie wird man Ingenieur?

1.2.1. Überblick über die Hochschulen in Deutschland

Aufgabe 14
halb offen

Zum Verstehen der Informationen über Hochschulen in …

1. Setzen Sie ein:
(1) Orientierung, (2) sich orientieren

2. Erklären Sie die Bedeutung der Wörter:
„Praxisorientiert" bedeutet, dass etwas viel mit der Praxis zu tun hat
- oder „hin zur Praxis".
„Forschungsorientiert" bedeutet: in Richtung Forschung.

3. Kennen Sie ein verwandtes Wort zu „künstlerisch"?
die Künstlerin, der Künstler, die Kunst

4. Was sind die *Gemeinsamkeiten* der deutschen Hochschulen?
   Notieren Sie wichtige Stichwörter aus dem Text:
   wissenschaftlich hochqualifizierte Professoren und Dozenten, staat-
   lich anerkannte Abschlüsse auf hohem Niveau für die Studierenden

5. Welche *Unterschiede* gibt es zwischen den drei Arten …

Fachhochschulen	Universitäten	Kunsthochschulen
praxisorientiert	forschungsorientiert	künstlerisch
Vorbereitung auf Arbeitsfelder, z.B. Technik, Wirtschaft, Sozialarbeit, Medien Praktika gehören zum Studium	methodisches und theoretisches Wissen Verknüpfung von Forschung und Lehre breites Fächerspektrum Doktortitel	Künstlerisches Talent, für besonders Begabte Aufnahmeprüfung Malerei, Musik, Gesang, Regie, Schauspiel

Aufgabe 15, 16
offen

Beschreiben Sie … Zeichnen Sie … Diskutieren Sie: …
Was macht eine gute Universität aus?

1.2.2. Porträt einer Technischen Universität: Die TU Ilmenau

Aufgabe 17
halb offen
Modelllösung

Formulieren Sie zu jedem der sieben Textabschnitte eine Überschrift.

Die Technische Universität von Thüringen: TU Ilmenau

Die TU Ilmenau ist die einzige technische Universität …

Qualitäten der TU Ilmenau

Die Universität ist bekannt für ihr international …

Infrastruktur

Ein moderner Campus mit kurzen Wegen sowie ein …

Innovative Forschungsbereiche

In den letzten Jahren wurden sechs Forschungscluster …

Schwerpunkte der Forschung

Die Arbeit in den Forschungclustern ist interdisziplinär, das heißt …

Internationale Programme

Langjährige wissenschaftliche Kooperationen …

Internationale Kontakte

Im Ergebnis dieser vielfältigen Projekte mit …

Aufgabe 18-20
offen

Sammeln … Erstellen … Recherchieren …

Aufgabe 21
offen
Lehrertipp

Schreiben Sie die Übersetzungen in Ihrer Muttersprache …
Bitte, kontrollieren Sie unbedingt die Übersetzungen nach, ob die richtig sind!

Aufgabe 22
offen

Beantworten Sie die zwei Fragen:

Aufgabe 23
geschlossen

Dann ergänzen Sie die fehlenden Wörter:
Nominalkomposita bestehen aus einem Grundwort und einem oder mehreren Bestimmungswörtern. Das Grundwort steht am Ende und bestimmt den Artikel des ganzen Wortes.

Aufgabe 24
offen
Lehrertipp
Erklärung
„Mehrwort-
benennung"

Suchen Sie aus allen Texten dieser Lektion Beispiele für …
Suchen Sie zur Vorbereitung selbst einige Beispiele, für jede Kategorie mindestens zwei Beispiele.
Mehrwortbenennung bedeutet, dass das Kompositum aus mehreren, also zwei oder mehr einzelnen Wörtern besteht, die aber einen festen Begriff bilden, z. B. „Das Schwarze Meer", „die Allgemeine Betriebswirtschaftslehre".

Aufgabe 25
offen

Fachliches Selbstportrait

Aufgabe 26
offen
Lehrerinfo

Tragen Sie Ihren Stundenplan in die Tabelle ein:
Beim Vervollständigen der Texte in A25 (Fachliches Selbstporträt) und A26 (Stundenplan) müssen zunächst die korrekten Begriffe eingesetzt werden, damit wird die jeweils individuell relevante Fachlexik noch einmal gefestigt. Weitere mündliche und schriftliche Übungen bieten sich an, z. B. ein Textsortenwechsel: Fachliches Porträt über eine andere Person, Dialoge zum Thema, Bericht über Erfahrungen zum Unterschied von Schul- und Hochschulunterricht etc. Ein sprachliches Modell für weiterführende Dialoge – immer beliebt: in Partnerarbeit – steht im Lehrbuch.

Aufgabe 27
halb offen
Typ: Technische
Gespräche

Sprechen Sie mit Ihrem Nachbarn über Ihre Woche an …

Zu Kapitel 2: Mathematik auf Deutsch 1 Grundlagen

Zum Inhalt

Die mathematischen Inhalte sind (fast) alle bekannt; eventuell müsste man die Themen „Zahlenbereiche" und „Dualsystem" und ihre Terminologie wiederholen. Sonst geht es um die Grundrechenarten, den Umgang mit Brüchen und Dezimalzahlen sowie das dekadische und binäre Zahlensystem. Mathematisch sind keine Verständnisschwierigkeiten zu erwarten.

Dagegen ist die streng geregelte Ausdrucksweise und Terminologie, die Verbalisierung der mathematischen Symbole und Verfahren, die – oft formalisierten – Satzstrukturen der mathematischen Fachsprache für die Lerner ungewöhnlich. Der Kontrast zwischen dem, was man rechnen und dem, was man in der Fremdsprache sagen kann, ist groß. Die exakte Beschreibung von Verfahren, Rechenregeln, Zahlensystemen etc. fällt anfangs schwer, weil die dazu notwendigen sprachlichen Mittel in der Alltagssprache selten sind und im normalen Fremdsprachenunterricht wenig trainiert werden. Aber die Sprachstrukturen sind quantitativ begrenzt und unkompliziert, also zeigen sich schnelle Erfolge beim Lernen.

Zur Didaktik

Einstieg in die technischen Fachsprachen

Dieses Kapitel stellt den Einstieg in die Fachsprachen aller MINT-Fächer dar, weil nun einmal die Basis aller technisch-naturwissenschaftlicher Fächer die Sprache der Mathematik ist und weil es kein besseres Material gibt, um das Spezifische des Fach*sprachen*unterrichts (FSU) zu verstehen: Jeder Grundschüler beherrscht die Grundrechenarten, aber kaum ein Student hat im Sprachunterricht jemals gelernt, wie man dazu auf Deutsch sagt.

Oberstes Lernziel: Verbalisierung

Das Lernziel besteht darin, bei allen mathematischen Aufgaben nicht *schweigend zu rechnen*, sondern *zu sagen, was man tut*. Die *Verbalisierung* des mathematischen Handelns (Berechnungen, Anwendung von Formeln, Beschreibung von Rechenwegen, Darstellen logischer Abfolgen, Begründungen für bestimmte Verfahren, Formulieren von Fragen usw.) ist der Schwerpunkt für die *mündliche Sprachproduktion; rezeptiv* geht es um das *Verstehen von Texten* mit mathematischer Ausdrucksweise. Die Lerner müssen an das *Rezipieren von Fachliteratur* in deutscher Sprache herangeführt werden und sich daran gewöhnen, über das, was sie mathematisch tun, *zu sprechen*. Gerade weil die fachlichen Inhalte leicht und jedem geläufig sind, sind sie ideal, um daran die *fachsprachlichen Strukturen* zu trainieren.

Konkrete Hinweise und methodische Tipps werden bei den Aufgaben präsentiert.

2.1. Mathematische Operationen

2.1.1. Aufgaben zu den Operationen aus der Tabelle

Achtung!
Eng definierte
Begriffe

Das Kapitel beginnt mit einem fachsprachlichen Grundsatz (Beispiel „Operation"): Termini und Begriffe haben in den Fachsprachen eigene fachspezifische Definitionen, meist enger als in der Allgemeinsprache. Deshalb kann ein Wörterbuch nicht nur helfen, sondern auch verwirren!

Aufgabe 1
halb offen
Spalten beachten

Diktieren Sie Ihrem Lernpartner drei Operationen der ersten Stufe …
Zu Anfang muss man die *Arbeitsanweisungen wirklich genau lesen* und beachten, sonst gibt es ein Durcheinander. Dabei müssen die Begriffe „diktieren" und „ausführen (= machen) verstanden werden. In der Partnerarbeit muss man selbst Zahlenbeispiele finden und diese genau mit den vorgegebenen sprachlichen Mustern verbinden. Es dürfen beim Diktieren wie auch bei der Lösung nur die *Wörter aus der betreffenden Spalte* verwendet werden, also bei A1 die Redemittel aus der 4. Spalte „man sagt", z. B.:
  A: *„3 mal 4 …"* – **B:** *„… (ist) gleich 12".*

Aufgabe 2
halb offen

Wie heißen die einzelnen Glieder der sieben …
Bei A2 darf wirklich *nur* der Wortschatz der 5. und 6. Spalte (Wörter für *Glieder der Rechnung* und *Ergebnis*) gebraucht werden, z. B.:
„Ein Faktor beträgt 3, der andere Faktor beträgt 4 und das Produkt ist 12."

Aufgabe 3
halb offen
Wendungen
automatisieren

Produzieren Sie in mündlicher und schriftlicher Form …
Gerade bei den einfachen Rechenoperationen sind viele *unterschiedliche* Ausdrucksweisen (*formal* und *umgangssprachlich*) üblich und werden alle häufig verwendet. Die muss man kennen und möglichst automatisieren.

2.1.2. Zur Verbalisierung mathematischer Symbole

Aufgabe 4
offen

Tragen Sie bitte passende Zahlenbeispiele in die …

Mathe-Spiel

Aufgabe 5 geschlossen Partnerarbeit - Wechselspiel	**Lernpartner A beginnt. Stellen Sie Ihrem Lernpartner B …** Das Mathespiel A5 funktioniert nach dem Prinzip der „Wechselspiele" und geht nur in Partnerarbeit: jeder darf nur „seine" Seite sehen. Achten Sie bitte beim 1. Mal darauf, dass die Spielregel verstanden und exakt befolgt wird (das 1. Beispiel ist – *kursiv* – vorgegeben). Verstanden werden muss die Unterscheidung von „in Worten" und „in Zahlen" sowie die Einteilung in *Spalten* und *Zeilen*. Zu jeder Zelle, in der bei Partner A die Aufgabe in Worten steht, gibt es eine entsprechende leere Zelle (gleiche Spalte, gleiche Zeile) bei Partner B, wohin die Zahlen zu schreiben ist. Sobald alle die Spielregel kennen, läuft das Spiel perfekt.

Partner A

a)	b)	c)	d)
zwölf plus sechs …	$17 - 11 = 6$	vierzehn geteilt durch zwei	$21 \div 3 = 7$
fünfundzwanzig mal fünf	$19 + 18 = 37$	vierundfünfzig minus acht	$12 \times 4 = 48$
dreizehn mal zwei	$5 \times 25 = 125$	einundreißig plus dreizehn	$72 - 8 = 64$
achtundachtzig durch …	$77 \div 7 = 11$	zweihundert plus …	$130 + 300 = 430$

Partner B

a)	b)	c)	d)
$12 + 6 = 18$	*siebzehn minus elf …*	$14 \div 2 = 7$	einundzwanzig durch drei
$25 \times 5 = 125$	neunzehn plus achtzehn	$54 - 8 = 46$	zwölf mal vier
$13 \times 2 = 26$	fünf mal fünfundzwanzig	$31 + 13 = 44$	zweiundsiebzig minus acht
$88 \div 8 = 11$	siebenundsiebig durch …	$200 + 150 = 350$	hundertdreißig plus …

Aufgabe 6 geschlossen hier: beide Teile zusammen	**Setzen Sie die richtigen … (Imperativ Singular)** Addiere 4 zu 7. Multipliziere diese Summe mit 9. Subtrahiere davon 18. Und jetzt dividiere bitte durch 9. Multipliziere nun mit 6. Subtrahiere von diesem Produkt 16. Addiere 25 dazu. Dividiere das Ergebnis durch 21.
Aufgabe 7 offen	**Formulieren Sie ähnliche Aufgaben (= Kettenaufgaben) für …** Kettenaufgaben haben Quizcharakter, daher eignen sie sich als Spiele.

Aufgabe 8
offen
Grammatik für
Fragesätze

Schreiben Sie zehn Fragen zu Tabelle 1, in denen …
Hier geht es um die *Verknüpfung von* bekannter *Grundgrammatik mit* dem *mathematischen Wortschatz*, denn erfahrungsgemäß „vergessen" Lerner oft die einfachste Grammatik, wenn sie sich auf Fachwörter konzentrieren. Die drei Formen von Fragesätzen (s. Tabelle 2: *Satztypen*) sind aus dem Anfangsunterricht bekannt. Nach den Modellen der Beispielsätze sollen neue Fragesätze gebildet werden. Wenn man andere, nicht-mathematische Fragesätze wiederholt bzw. einbaut, spüren die Lerner, dass die Fachsprache keine „neue" Fremdsprache ist, sondern nach denselben Regeln funktioniert wie das Deutsch, das sie bereits gelernt haben. Interessanterweise scheinen solche Parallelen und Bezüge zwischen „Mathe auf Deutsch" und „Deutsch" das Lernen zu erleichtern.

Aufgabe 9
offen

Schreiben sie eine lange *Kettenaufgabe* …
A9 eignet sich gut als vorbereitende Hausaufgabe.

2.2. Potenzen und Wurzeln

lautes Lesen

Im Text 2.2. „Potenzen und Wurzeln" geht es um die Terminologie und die korrekte Aussprache der Symbole, stilistisch zeigt er die präzise Ausdrucksweise fachsprachlicher Kommunikation: Symbole, Formeln usw. sind *Textteile*. Eine Wiederholung der Kardinal- und Ordinalzahlen bietet sich an, denn man braucht sie für die richtige Aussprache von Wurzeln. Der gesamte Text sowie A10 sind geeignete Übungen zum lauten Lesen.

Aufgabe 10
geschlossen

Lesen Sie bitte die folgenden Terme laut vor:
Bitte im Plenum (zur Kontrolle) und in Partnerarbeit (zur Übung) laut lesen!
Die dritte Wurzel aus siebenundzwanzig ist (gleich) drei.- Wurzel aus neunundvierzig (oder: die zweite Wurzel aus neunundvierzig) ist gleich sieben.- Sieben hoch zwei (oder: sieben Quadrat) ist gleich neunundvierzig.- (Ein)hundertfünfundzwanzig ist gleich fünf hoch drei.- Fünf mal fünf mal fünf ist gleich (ein)hundert-fünfundzwanzig.- Fünf hoch vier ist gleich sechshundertfünfundzwanzig.- Vier hoch fünf ist gleich (ein)-tausendvierundzwanzig. - Die n-te Wurzel aus hundert ist gleich b.- Einhundertvierzehn geteilt durch sechs ist gleich neunzehn.- Die sechste Wurzel aus vierundsechzig ist gleich zwei. - Wurzel aus vierundsechzig (oder: die zweite Wurzel aus ...) ist gleich acht. Zehn hoch drei ist gleich (ein)tausend. - Zehn hoch fünf ist gleich hunderttausend.

Aufgabe 11
geschlossen

Stellen Sie Ihrem Lernpartner die folgenden Aufgaben …

Partner A

a)	b)	c)	d)
drei hoch drei	$\sqrt[3]{27} = 3$	vier hoch drei	250 × 3 = 750
fünfte Wurzel aus …	$\sqrt[5]{243} = 3$	zweite Wurzel von …	$9^3 = 729$
vierhundertvierzig …	1000 ÷ 200 = 5	a hoch b gleich x	$b^n = y$
dritte Wurzel aus c …	$a^2 + b^2 = x$	a Quadrat minus b …	$\sqrt[2]{16} = 4$

Partner B

a)	b)	c)	d)
$3^3 = 27$	dritte Wurzel aus …	$4^3 = 64$	zweihundertfünfzig …
$\sqrt[5]{32} = 2$	fünfte Wurzel aus …	$\sqrt[2]{81} = 9$	neun hoch drei
440 ÷ 11 = 40	eintausend durch …	$a^b = x$	b hoch n gleich y
$\sqrt[3]{c} = y$	a Quadrat plus b …	$a^2 - b^2 = y$	Quadratwurzel aus …

2.3. Klammern ( )

vorlesen und
sprechen – auch
die Symbole

Auch der Text 2.3. „Klammern" enthält zunächst ausschließlich Sach-
informationen, die laut gelesen und rezipiert werden müssen. Es kommt
darauf an, dass die Lerner sich daran gewöhnen, Zahlen und Formeln genau
so wie Wörter *als Textteile* aufzufassen und sie daher mitzusprechen.

Zur Aussprache bei
Klammern

Bei der Aussprache von Klammerausdrücken macht man kleine Sprechpausen,
denen im Schriftbild der – (Gedankenstrich) entspricht.

Aufgabe 12
offen
Typ: Technische
Gespräche

Suchen Sie geeignete Zahlenbeispiele für Rechnungen, in …

A12 verlangt einen anspruchsvollen Transfer (Spiel: „Mathematiklehrer für
große Kinder"), bei dem mathematische Inhalte und passende Zahlenbeispiele mit vorgegebenen Redemitteln zu einem eigenen kleinen Vortrag
verknüpft werden müssen. Man kann man die Aufgabe teilen: In Schritt 1
sucht man geeignete Zahlenbeispiele, rechnet und diskutiert die Aufgaben
mit und ohne Klammern; in Schritt 2 folgt das Rollenspiel.
Zu Lerner-Vorträgen gehören Beobachtungsaufträge für die Zuhörer, hier z. B.:
• Waren die Zahlenbeispiele passend?
• Welche Wörter aus der Liste hat der Redner verwendet?

2.4. Rechengesetze mit natürlichen Zahlen

<table>
<tr><td>Passiversatzformen</td><td>Die vier Texte zu den Rechengesetzen sind deshalb aufgeführt, weil sie exemplarisch eine der grammatikalischen Hürden der Fachsprachen enthalten: die Passiversatzformen: man-Sätze, Adjektive mit dem Suffix –bar, sich lassen + Infinitiv.
Die Methode ist deduktiv: Vor jedem Text wird eine grammatisch analysierende Aufgabe gestellt, um im Text eine bestimmte sprachliche Struktur zu suchen. So werden die Lerner, die den Text bestimmt fachlich rezipieren (viele Zahlenbeispiele), an die sprachliche Analyse herangeführt. Eine Systematisierung der Passiversatzformen erfolgt in einer Kognitivierungsphase (Tabelle), an die sich vier rein sprachliche Übungsaufgaben anschließen (A 17, A 18, A 19, A 21). Zum Transfer dient A22</td></tr>
<tr><td>Passiv bekannt?</td><td>Als Lehrer muss man unbedingt vorher klären, ob das Passiv in der betreffenden Lerngruppe bereits bekannt ist. Wenn das Passiv im Sprachunterricht schon behandelt wurde, genügt eine Wiederholung. Sollte das Passiv aber noch nicht bekannt sein, muss man in jedem Fall die Grundform (Passiv Präsens) einführen sowie den Unterschied von Vorgangspassiv und Zustandspassiv. Zu empfehlen ist ein Einschub aus einem beliebigen allgemein-sprachlichen Lehrwerk, in dem die Passivstruktur behandelt wird. Denn nur, wenn man weiß, was das Passiv ist, kann man die Formen, die es ersetzen, lernen. Aber es ist unnötig, die komplizierten Passivformen in den verschiedenen Zeiten zu üben. Das kommt später.</td></tr>
<tr><td>Sprachhandlung
Präsentieren</td><td>Ob und wie man diese Gelegenheit nützt, um die Sprachhandlung „Präsentieren" besonders zu üben, hängt vom Stand der Lerngruppe ab. Präsentationen sind ja inzwischen eine häufig eingesetzte methodische Variante. Sie lassen sich mit vielen Aspekten kombinieren, z. B.</td></tr>
</table>

- Phonetikübungen
- Zeitvorgaben
- Redemitteln zur Einleitung, Begrüßung und zum Abschluss
- Festhalten auf Video zur Korrektur
- (Selbst-)Beurteilung nach vorgegebenen Kriterien (z. B. Verständlichkeit, sachliche Richtigkeit, Gliederung, Verwendung von bestimmten Redemitteln, Übereinstimmung Bild - Text etc.)

<table>
<tr><td>Aufgabe 13
geschlossen</td><td>**Unterstreichen Sie beim Lesen von Text „2.4.1 Rechengesetze …**
Es gibt 7 Satzteile mit „man": Will man ... addieren, so kann man ... bilden. Wenn man ... addiert, so erhält man... .Addiert man zu ... . wenn man addiert. Wenn man ... durchführt, ...</td></tr>
</table>

| **Aufgabe 14** | Unterstreichen Sie beim Lesen von Text „2.4.2. Rechengesetze … |
| geschlossen | Das Wort „ausführbar" kommt 3 x im Text vor. |

Adjektiv mit -bar	passendes Verb	verwandte Nomina
lösbar	lösen	die Lösbarkeit, die Lösung,
ausführbar	ausführen	die Ausführbarkeit, die Ausführung

| **Aufgabe 15** | **Nehmen Sie zwei verschiedene Farben …** |
| geschlossen | Es gibt nur 2 Passivkonstruktionen: ⋯ die Reihenfolge, in der die Faktoren multipliziert werden; ⋯ dass beliebige Teilprodukte gebildet werden können. |

| **Aufgabe 16** | **Welche Verbformen zeigen, dass …** |
| geschlossen | Es gibt nur 2 Verbformen im Irrealis: Wenn wäre ⋯ dann müsste ⋯ |

Aufgabe 17	**Schreiben Sie alle grammatisch möglichen Formen …**
geschlossen	Die Multiplikation kann in $\mathbb{N}$ stets ausgeführt werden.
	Man kann die Multiplikation in $\mathbb{N}$ stets ausführen.
	In $\mathbb{N}$ lässt sich die Multiplikation stets ausführen.

Aufgabe 18	**Schreiben Sie die drei möglichen Ersatzformen für …**
geschlossen	weil die Faktoren vertauscht werden können
	weil die Faktoren vertauschbar sind
	weil sich die Faktoren vertauschen lassen

| **Aufgabe 19** | **Konjugieren Sie die Modalverben und machen Sie damit man-Sätze!** |
| offen | |

| **Aufgabe 20** | **Ergänzen Sie die fehlenden Wörter in der Tabelle:** |
| geschlossen | **Verben:** vertauschen, planen, machen; **Adjektive auf -bar:** zerlegbar, berechenbar, planbar, realisierbar, lesbar; **Nomen:** Vertauschbarkeit, Ausführbarkeit, Machbarkeit, Realisierbarkeit, Lesbarkeit |

| **Aufgabe 21** | **Suchen Sie fünf Beispielsätze aus den Texten …** |
| offen | |

Aufgabe 22	**Bereiten Sie kleine Präsentationen zu jeweils einem der vier Texte …**
offen	Weitere geeignete Themen s. Lehrbuch
Typ: Technische Gespräche	

2.5. Zur Terminologie für die Zahlenbereiche

Ohne das Definieren gibt es keine fachsprachlich korrekte Ausdrucksweise. Im Text „Zur Terminologie für die Zahlenbereiche" und den Aufgaben A23, A24 und A25 wird offenkundig, dass und wie Begriffe, Symbole und Definitionen zusammengehören. Da korrekte Sätze zum Definieren sprachlich viel anspruchsvoller sind als reine Benennung von Symbolen, muss man als Lehrer ein bisschen streng sein und solche Sätze wirklich üben lassen; schriftliches Arbeiten – z. B. als Hausaufgabe, als Quiz, als Test und als Vorbereitung zu mündlichen Phasen – hat sich als sehr erfolgreich erwiesen.

Aufgabe 23
geschlossen

Ordnen Sie die Begriffe im Kasten den Symbolen zu.

$\mathbb{Q}$	rationale Zahlen	$\mathbb{R}$	reelle Zahlen
$\mathbb{Z}$	ganze Zahlen	$\mathbb{N}$	natürliche Zahlen

Aufgabe 24
geschlossen

Ergänzen Sie die kleine Tabelle durch die korrekten Definitionen:
Gerade Zahlen sind durch 2 teilbar. Ungerade Zahlen sind nicht durch 2 teilbar.

Aufgabe 25
geschlossen

Ordnen Sie die Symbole für die Zahlenbereiche in das Schema ein.
Innenkreis: $\mathbb{N}$, 2. Kreis: $\mathbb{Z}$, 3. Kreis: $\mathbb{Q}$, 4. Kreis: $\mathbb{R}$

Aufgabe 26
geschlossen

Prüfen Sie die Aussagen über …
a) wahr: 2, 5, falsch: 1, 3, 4, 6, 7, 8

halb offen
Modelllösungen

b) 1. Es kommt auf die Definition an.
   3. Die irrationalen Zahlen, die zu den reellen Zahlen gehören, sind nicht als Bruch darstellbar.
   4. Es kommt auf die Definition an. (Vgl. 1.)
   6. Doch, genau das kann man.
   7. Man kann zwar jeden Dezimalbruch als Dezimalzahl darstellen, aber nicht umgekehrt.
   8. Es ist gerade umgekehrt.

2.6. Rechnen mit rationalen Zahlen – Brüche und Dezimalzahlen

Rezeption

Der Text „Bruchzahlen / Brüche" ist selbst erklärend und führt die Terminologie ein. Er soll sorgfältig gelesen werden, am besten einmal laut als Modell für alle und dann zur Übung in Partnerarbeit: A liest vor, B kontrolliert die Aussprache. Zur Verständnissicherung einzelner Wörter können Erklärungen mit Antonymen, verwandten Wörtern etc. helfen, z. B.: *waagrecht* – senkrecht; *Kehrwert* – umgekehrt, etwas umkehren; *gleichnamig* – mit gleichem Namen.

Aufgabe 27
geschlossen

Ergänzen Sie die fehlenden ...

Zahlen, rationalen, Verhältnis, ganzen, werden.

2.6.1. Bruchzahlen/Brüche

Achtung!

Bei Brüchen werden die Zahlen in Zähler und Nenner *unterschiedlich ausgesprochen*. A28 zeigt korrekte Modelle, A29 enthält die Regel. Regeln werden immer besser behalten, wenn man sie selbst findet!

Aufgabe 28
geschlossen

Die Zahlen in Zähler und Nenner werden verschieden

a) $\frac{3}{20}$ drei Zwanzigstel

b) $\frac{5}{16}$ fünf Sechzehntel

c) $\frac{1}{2}$ ein Halb

d) $\frac{3}{100}$ drei Hundertstel

e) $\frac{1}{4}$ ein Viertel

f) $\frac{4}{10}$ vier Zehntel

g) $\frac{17}{3}$ siebzehn Drittel

h) $\frac{6}{41}$ sechs Einundvierzigstel

Aufgabe 29
geschlossen

Ergänzen Sie die Lücken – dann haben Sie die Regel für die

(1) -tel, (2) -stel, (3) (ein Halb), (4) (ein Drittel).

Aufgabe 30
geschlossen

Wenden Sie die Regel an und schreiben …

i) $\frac{5}{2}$ fünf Halbe

m) $\frac{7}{100}$ sieben Hundertstel

j) $\frac{4}{17}$ vier Siebzehntel

n) $\frac{8}{9}$ acht Neuntel

k) $\frac{3}{21}$ drei Einundzwanzigstel

o) $\frac{9}{8}$ neun Achtel

l) $\frac{7}{3}$ sieben Drittel

p) $\frac{2}{15}$ zwei Fünfzehntel

Aufgabe 31
offen

Diktieren Sie Ihrem Lernpartner 15 Bruchzahlen. Er soll sie in Symbol-schreibweise notieren und …

Aufgabe 32
offen

Schreiben Sie eine Bruchzahl auf einen Zettel und …

2.6.2. Operationen mit Brüchen

Text als Infoquelle

Im Lesetext wird die mathematische Fachsprache praktisch angewendet; in Stil und Aufbau ähnelt dieser Abschnitt einem normalen Fachbuch. Die Lektüre dient der Übung, fremdsprachliche Fachtexte als *direkte Informationsquelle* zu benutzen. Die Lehrenden müssen *auf keinen Fall* noch einmal erklären, was im Text steht, sondern alle Informationen sind *im Text* zu finden. Schritt-weise werden die Lerner daran gewöhnt, deutsche Fachtexte unmittelbar zu rezipieren, denn eines der wichtigsten Ziele ist ja die Rezeptionsfähigkeit der Fachliteratur.

Das Textverstehen wird durch die Einfachheit des Inhalts und die bekannten Formeln garantiert. Bruchrechnen kann jeder. Die *Fachlexik* wird im Zusammen-hang eingeführt und im Anschluss (A 33) geübt; auch die fachsprachlich hoch redundante *Grammatik* (Nebensätze mit Konjunktionen und Nominalisierungen mit Präpositionen) wird danach (A 34 und A 35) aufgegriffen und systematisiert.

Aufgabe 33
geschlossen

Setzen Sie die folgenden Wörter in die Lücken …
(1) Division, (2) Dividend, (3) Zähler, (4) Divisor, (5) Ergebnis,
(6) Quotient, (7) Kehrwert, (8) Nenner, (9) Hauptnenner, (10) gemeinsame

Aufgabe 34

geschlossen -
es gibt:

Unterstreichen Sie in den vier Kurztexten über …

a. 2 Nebensätze mit „indem"
b. 3 nominalisierte Formen mit durch (Durch das Kürzen, durch
    Multiplizieren, durch Erweitern auf)
c. 2 Nebensätze mit den Konjunktionen (wenn – dann, um … zu)
d. 1 Variante: beim Addieren und Subtrahieren …

Aufgabe 35

geschlossen

Formulieren Sie analog zu den Modellsätzen die …

1. Variante 1: mit Nebensatz und der Konjunktion „indem"

Man erweitert einen Bruch, indem man Zähler und Nenner mit dem

gleichen Faktor multipliziert.

Variante 2: mit Nominalisierung und Präposition „durch"

Man erweitert einen Bruch durch Multiplizieren von Zähler und Nenner

mit dem gleichen Faktor.

2. Variante 1:

Man addiert gleichnamige Brüche, indem man die Zähler addiert und

den Nenner beibehält.

Variante 2:

Man addiert gleichnamige Brüche durch Addition der Zähler und

Beibehaltung des Nenners.

3. Variante 1:

Man multipliziert Brüche, indem man Zähler mit Zähler und Nenner mit

Nenner multipliziert.

Variante 2:

Man multipliziert Brüche durch Multiplizieren des Zählers mit dem

Zähler und des Nenners mit dem Nenner.

4. Variante 1:

Man dividiert Brüche durch Multiplizieren des einen Bruchs mit dem

Kehrwert des anderen Bruchs.

Variante 2:

Man dividiert Brüche, indem man einen Bruch mit dem Kehrwert des

anderen Bruches multipliziert.

Hinweis	A36 - 38 dienen der Wiederholung der Lexik. In A39 wird noch einmal die Grammatik gefestigt, während A40 wieder zurück in die Mathematik führt.

Aufgabe 36
geschlossen

Schreiben Sie das Gegenteil:

`erweitern, multiplizieren, ungleichnamig, ungerade`

Aufgabe 37
geschlossen

Tragen Sie die richtigen Wörter in die Lücken ein:

`Erweitern, gleichnamig, vereinfachen, Faktoren`

Aufgabe 38
offen
Bitte an die Lehrer

Wie heißen die folgenden Begriffe in Ihrer Muttersprache …
Überprüfen Sie die Übersetzungen und lassen Sie die Beispiele diskutieren!

Aufgabe 39
geschlossen

Formulieren Sie die Beispielsätze um, indem Sie die …

Summen sind in Klammern zu schreiben.
`Summen muss man in Klammern schreiben.`

Bei negativen Termen sind die Vorzeichenregeln zu beachten.
`Bei negativen Termen muss man die Vorzeichenregeln beachten.`

Bei Summentermen ist das Distributivgesetz anzuwenden.
`Bei Summentermen muss man das Distributivgesetz anwenden.`

Das Quadrat der Summe $(x + y)^2$ ist in ein Produkt zu zerlegen.
`Man muss das Quadrat der Summe (x + y)² in ein Produkt zerlegen.`

Gleichnamige Brüche sind zusammenzufassen.
`Gleichnamige Brüche muss man zusammenfassen. (Oder: Man muss`

`gleichnamige Brüche ...)`

Doppelbrüche sind zu vereinfachen.
`Doppelbrüche muss man vereinfachen.`

Zahlen und Potenzen sind in Faktoren zu zerlegen.
`Zahlen und Potenzen muss man in Faktoren zerlegen.`

In manchen Fällen ist der neutrale Faktor 1 hinzuzufügen.
`In manchen Fällen muss man den neutralen Faktor 1 hinzufügen.`

Aufgabe 40
offen

Versuchen Sie mathematische Gleichungen aufzustellen, …

2.6.3. Dezimalzahlen

<table>
<tr><td>Internationale
Unterschiede bei
der Schreibweise</td><td>Der rote Text beschreibt Konventionen, die im deutschsprachigen Raum üblich sind. Hier bietet sich eine landeskundliche Betrachtung der Konventionen im Land der Lerner an mit dem Hinweis, dass es oft kein absolutes „Falsch" und „Richtig" gibt, sondern eben unterschiedliche Gewohnheiten. A43 und A44 kann man leicht um Beispiele aus der Welt der Lerner erweitern.</td></tr>
</table>

Aufgabe 41
offen

Suchen Sie ähnliche Beispiele, …

Aufgabe 42
geschlossen
Ausspracheübung

Lesen Sie laut:
Das Wort „Periode" wird *nur* für die Zahl unter dem Querstrich verwendet.

Aufgabe 43
geschlossen

Schreiben Sie als Zahl
(1) 7,4982, (2) 47,28, (3) 2,78 m, (4) 89,35 €

Aufgabe 44
geschlossen

Korrigieren Sie die nach deutscher Konvention falsch …
(1) 4900850 (oder im Alltag 4 900 850), (2) 47,5 m, (3) 20,00 €,
(4) 11111 (oder im Alltag 11 111)

2.7. Zahlensysteme

Didaktische
Hinweise

Die Kurztexte über das Dezimal- und Dualsystem enthalten Passiversatzformen; in A49 wird diese *Grammatik* noch einmal wiederholt. In erster Linie soll es aber um die mathematische *Lexik* gehen. Wichtig ist der Hinweis auf Unterschiede in der deutschen und amerikanischen Terminologie.

Ziel: korrekte
Aussprache

Die den internationalen Normen entsprechende Aussprache ist das zentrale Ziel der Texte „Große Zahlen als Zehnerpotenzen" bzw. „Kleine Zahlen als Zehnerpotenzen".

Kurzreferate und
Präsentationen

Die Darstellung der Zahlensysteme eignet sich gut für Kurzreferate. Die Tabellen über Zehnerpotenzen sowie große und kleine Zahlen als Zehnerpotenzen lassen sich als Lese- und Quizübungen in Partnerarbeit beliebig vertiefen; sie sollten nicht nur zum Nachschlagen, sondern auch zum Automatisieren dienen.

A45 und A48 sind Quizaufgaben, die sich mit jedem guten Lexikon, aber auch mit Wikipedia lösen lassen, ebenso als (vorbereitende) Hausaufgabe.

2.7.1. Dekadisches Zahlensystem / Dezimalsystem

Aufgabe 45
geschlossen

Was passt zusammen?

1f, 2h, 3a, 4g, 5b, 6e, 7c, 8d, 9k, 10l, 11i, 12j

Aufgabe 46
offen

Bilden Sie fünf Beispielsätze zum Thema PC.

Aufgabe 47
halb offen
Modelllösung

Ergänzen Sie die folgende Tabelle mit konkreten Beispielen …

(a) $\dfrac{1}{1000}$ mm $= 10^{-3} = 1$mm (b) $\dfrac{1}{100}$ cm $= 10^{-2} = 1$cm (c) $\dfrac{1}{10}$ dm $= 10^{-1} = 1$dm

Aufgabe 48
geschlossen

Was passt zusammen? Verbinden Sie bitte die Begriffe …

1c, 2a, 3b, 4d

Aufgabe 49
halb offen
Modelllösung

Gehen Sie nochmal zurück zum Text „Dekadisches …

Textbeispiel 1 – s. Aufgabenstellung:

Textbeispiel 2: *Die natürlichen Zahlen können auch arabische Ziffern genannt werden.*

Umformulierungen:

Man kann die natürlichen Zahlen auch arabische Ziffern nennen / als … bezeichnen.

Die natürlichen Zahlen können auch als … benannt / bezeichnet werden. („Benennbar" oder „bezeichenbar" wäre linguistisch zwar möglich, ist aber nicht üblich.)

2.7.2. Zweiersystem / Dualsystem

Aufgabe 50
offen
Typ: Technische
Gespräche

Wählen Sie ein geeignetes Zahlenbeispiel und erklären Sie …

Zu Kapitel 3: Geometrie

Zu 3.1. Euklidische Geometrie

Klassische „normale" Geometrie

Im Schulunterricht haben alle die klassische Geometrie kennen gelernt, die auf Euklid zurückgeht. Alle Lerner erinnern sich an verschiedene geometrische Figuren und Körper, deren Form, Umfang, Fläche, Volumen usw. mit bekannten Formeln berechnet wurden. Ebenso sind Begriffe wie Winkel, Grad, Ecke, Tangente, Koordinaten etc. oder Beweise wie z. B. zum Satz des Pythagoras allen bekannt, nur die deutschen Benennungen sind weniger geläufig. Durch ihre Anschaulichkeit ist Geometrie meistens ein recht beliebtes mathematisches Thema, das jedoch viel weiter geht als die „normale" klassische Geometrie.

Zu 3.2. Fraktale Geometrie

Ungewohnte „andere" Geometrie

Unter den weiteren Geometrien ist die fraktale Geometrie ein besonders faszinierendes Gebiet, das zwar noch nicht in alle Curricula eingedrungen ist, aber zunehmend bekannt wird. Die schönen Bilder von Fraktalen (z. B. von der Mandelbrot-Menge) haben die meisten Lerner schon gesehen. Die frappante Ähnlichkeit von Formen aus der Natur und mathematisch beschreibbaren Gebilden aus dem Bereich der fraktalen Geometrie gefällt allen und motiviert zum Diskutieren über innovative Vorstellungen.

Kommunikative Schwerpunkte

Die allen bekannte euklidische Geometrie eignet sich zum Memorieren der geometrischen Fachlexik auf Deutsch und der Demonstration redundanter sprachlicher Mittel, z. B. für Kausalität und das Formulieren von Beweisen. Die fraktale Geometrie bietet durch die Erweiterung auf neue Perspektiven mehr Stoff für Diskussionen; wir konnten (aus Platzgründen) nur einige attraktive Beispiele anführen. Sie lassen sich jedoch gut durch studentische Recherchen erweitern, denn die meisten Studierenden haben inzwischen davon gehört und finden das Thema spannend.

Leseverstehen

Zur klassischen Geometrie gehören Informationen über ihren Ursprung im alten Ägypten (Lesetext 3.1.2.) und ihre Folgen in der Entwicklung der Mathematik (3.1.3. Euklid im Kopf). Nur auf dieser Wissensbasis lässt sich verstehen, welche ungewöhnliche Denkweise in der fraktalen Geometrie vorliegt.
In der Einführung über die Sprache der fraktalen Geometrie (Lesetexte 3.2.1.), über veränderte Perspektiven beim Messen (3.2.2.) und den Begriff der Dimension (3.2.3.) werden exemplarische Fragestellungen behandelt, die originelle Denkweisen in der fraktalen Geometrie zeigen. Sie dienen als echte Informationsträger zum Verstehen und weniger als Übungstexte. Die wichtigste Lexik wird in den Aufgaben gefestigt. Entscheiden Sie je nach Niveau der Lerner, ob Sie die Inhalte paraphrasieren, nacherzählen, grafisch darstellen und/

oder nur diskutieren lassen; wichtig ist, dass die Inhalte verstanden werden. Während sich der Einführungstext gut zum Ausschmücken, zum Finden weiterer Beispiele aus der Natur eignet, lässt sich die Frage nach der Länge der Küste von England am besten behandeln, wenn man den Messvorgang zeichnet und interpretiert (vgl. Aufgabe 23 und 24) sowie in eine provokante Diskussion verpackt (Aufgabe 25).

Beim Thema Dimension muss zuerst die (einfache) Begrifflichkeit gelernt werden (Aufgabe 26, 27), dann kann man das Beispiel mit dem Wollknäuel leicht praktisch durchspielen. Gefestigt und vertieft wird die Thematik durch A28 – A32.

Schlussakkord Die attraktive Koch-Kurve, ihre Konstruktionsbeschreibung und ein kleiner Abstecher in die Geschichte der Mathematik bilden den Abschluss des Kapitels; zusätzliche Beispiele aus dem Bereich der fraktalen Geometrie durch Recherchen und Präsentationen der Lerner sind sehr erwünscht.

Infos zu sprachlichen Aspekten

Fachlexik und Wortbildung Die Fachlexik wird – wie immer – im Zusammenhang mit *den* Wortbildungsregeln, die zu ihrer Bildung verwendet werden, geübt. In der geometrischen Terminologie handelt es sich dabei um Nomina und damit verwandte Adjektive, die mit Suffixen wie *-ig, -isch, -al* (A5, A6) bzw. Suffixoiden wie *-förmig, -mäßig* (A5, A20) gebildet werden; weiterhin wird die hochredundante Nominalisierung von Verben durch *-ung* wieder aufgegriffen (A11) und weitere Beispiele für Wortverwandtschaften vertieft (A31). Die Übung von Fachwortschatz wird mit spielerischen (Silbenrätsel) und linguistischen Übungen (Zuordnung zu Wortarten) kombiniert (A21, A22). Zur Semantisierung von Begriffen dienen vor allem Zuordnungen von Bild und Wort (A2, A4, A20, A33), Wort und Erklärung bzw. Beispiel (A26, A27), Begriff und Definition (A35).

Grammatik Grammatisch werden man-Sätze und die Umwandlung von Aktiv- zu Passivsätzen wiederholt (A7, A34) und passende Präpositionen geübt (A13, A18). Wichtig (vgl. „Notwendige Grammatik") sind vor allem die verschiedenen syntaktischen Varianten für Bedingungssätze, also die logische Relation „wenn – dann" (A15, A16), die alle in mathematischen Texten häufig auftauchen, ebenso die Konnektoren zum Ausdruck von Gegensätzen und die entsprechenden Nebensatzkonstruktionen (A29).

Kommunikationsverfahren Bei den Kommunikationsverfahren (KV) geht es in diesem Kapitel um die Lexik für richtiges Benennen: Figuren, Körper, Winkel; Angaben wie Punkt, Ecke, Tangente usw. (A2 - A8, A20) und um exaktes Beschreiben: Formen, Positionen im Raum, Vorgaben u. ä. bis hin zur Konstruktionsbeschreibung einer Koch-Kurve (A33, A 34). Die Methode des Zeichendiktats, bei der Partner A *nur das zeichnen* darf, *was* ihm Partner B *diktiert*, lässt die Lerner die Bedeutung einer genauen Beschreibung erleben und ist ausgesprochen motivierend und anschaulich. Das Beschreiben lässt sich an den bekannten geometrischen Figuren gut üben; je nach Sprachstand der Lerner kann man differenzieren: anfangs genügen einfache, kurze Hauptsätze mit der richtigen Lexik, später können komplexere Sätze gebildet werden (vgl. A8). Exaktes Beschreiben von Vorgängen, Herleitungen, Rechenwegen o. ä. ist ebenfalls für die sprachliche Formulierung von *Beweisen* erforderlich. Damit – mit dem Satz des Pythagoras – beginnt die Lektion, später folgen verschiedene sprachliche Mittel und Modelle für einen mathematischen Beweis, bis hin zu „Beweisen", die mit Sicherheit kontroverse Diskussionen auslösen, nämlich die provokanten Fragen zum Dimensionsbegriff im Text „Welche Dimension hat ein Wollknäuel?" und zur Längenmessung „Wie lang ist die Küste von England?"

Während bei der euklidischen Geometrie (Teil 3.1.) der sprachlich genaue Ausdruck im Vordergrund steht, gibt es bei der fraktalen Geometrie (Teil 3.2.) viel Stoff für Fragen und Diskussionen. Da das Thema spannend ist, bietet es sich sehr gut für eine inhaltliche Erweiterung an, am besten durch Recherchen und Kurzreferate über andere Beispiele für Fraktale (A37).

3.1. Klassische euklidische Geometrie

3.1.1. Figuren und Körper

Aufgabe 1
geschlossen

Ergänzen Sie die fehlenden Wörter.
(1) Geometrie, (2) Pythagoras, (3) rechtwinkligen, (4) a und b, (5) c, (6) Dreieck, (7) Summe, (8) Quadrate, (9) Flächeninhalt, (10) über

Aufgabe 2
geschlossen

Ordnen Sie die folgenden Substantive den einzelnen Bildern...

(1) -s Quadrat, (2) -s Rechteck, (3) -s Parallelogramm,

(4) -r Rhombus / -e Raute, (5) -s Trapez, (6) -s Dreieck,

(7) -r Kreis, (8) -e Ellipse, (9) -r Quader,

(10) -r Würfel, (11) -s dreiseitige Prisma, (12) -e Pyramide,

(13) -s sechsseitige Prisma, (14) -r Zylinder, (15) -r Kegel,

(16) -e Kugel

Aufgabe 3
halb offen
Modelllösung

Formulieren Sie Unterschiede zwischen den Figuren und den ...

Kreis, Dreieck und Rechteck befinden sich in der Ebene und sind zweidimensional, aber Kugel, Prisma und Würfel befinden sich im Raum und sind dreidimensional. Ein Quader hat eine andere Dimension als ein Quadrat.

Aufgabe 4
halb offen
Spielregel
Zeichendiktat

Zeichendiktat

Falls die Lerner noch nie ein Zeichendiktat gemacht haben, muss man vorher darauf achten, dass die Spielregel verstanden wird. Eventuell ist es nützlich, noch einmal die Redemittel für die Angabe von Richtungen (oben - unten, rechts von – links von, darüber – darunter, in der rechten oberen Ecke u. ä.) zu wiederholen.

Aufgabe 5
geschlossen

Bilden Sie zu den Substantiven entsprechende ...

(1) würfelförmig, (2) trapezförmig, (3) rhombisch, (4) rechteckig, (5) viereckig, (6) sechseckig, (7) dreieckig, (8) quaderförmig, (9) pyramidenförmig, (10) prismenförmig, (11) kugelförmig, (12) rund, (13) kegelförmig, (14) elliptisch, (15) quadratisch

Aufgabe 6
geschlossen

Und nun umgekehrt: Welche ...

(1) sechs Seiten, (2) gleiche Seiten, (3) ein rechter Winkel, (4) ein spitzer Winkel / spitze Winkel, (5) Mathematik, (6) Geometrie, (7) -e Algebra, (8) Ellipse, (9) -e Parallele, (10) -s Paralellogramm

Infos im Text!

Der Kurztext „Zur geometrischen Terminologie" (S. 90) ist ein Beispiel dafür, wie nützliche Infos direkt aus dem fremdsprachlichen Text entnommen werden können.

Aufgabe 7
geschlossen

Umwandlung von man-Sätzen ins Passiv und ...

(1) Man bezeichnet Winkel mit griechischen Buchstaben. (2) Man misst Winkel in Grad. (3) Seiten in Polygonen werden mit kleinen lateinischen Buchstaben (a,b,c) benannt. (4) Zur Bezeichnung von Ecken werden Großbuchstaben (A,B,C..) verwendet. (5) Vorgaben werden so formuliert: „.. sei .."

Aufgabe 8
halb offen

a) Suchen Sie die folgenden Begriffe im ...

zu a) Bitte kontrollieren Sie die Übersetzungen und verweisen Sie nach Möglichkeit auf *Fach*wörterbücher!

offen

b und c) Zeichnen Sie ... / Diktieren Sie ...

Zu beiden Aufgabenteilen ist die beste Methode „learning by doing", kombiniert mit Austausch und Partnerkontrolle. Wie nachhaltig solche Phasen von aktivem Lernen sind, wissen alle Lehrenden, die sie einmal ausprobiert haben.

 d) Versuchen Sie …

zu d) Hier bietet sich je nach DaF-Niveau der Lerner an, unterschiedliche Satzmodelle zu üben. Die einfachen kurzen Hauptsätze sind korrekt und ausreichend, wie das Beispiel „Merke" zeigt. Aber Differenzierungen auf komplexere Satzmodelle sind sehr erwünscht – und ausgesprochen nützliche Haus-, Zusatz- und Übungsaufgaben.

3.1.2. Klassische Geometrie

Aufgabe 9
halb offen
Modelllösung

Schreiben Sie zu jedem Absatz eine …

1. Geometrie im Alten Ägypten

Geometrie betreiben die Menschen seit Jahrtausenden – von …

2. Eine alte Methode der Landvermessung

Diese aus dem alten Ägypten überlieferte …

3. Anwendung von Geometrie

„Geometrie" bedeutet im Griechischen „Erdvermessung"; es handelte …

4. Das Buch „Die Elemente" von Euklid

Eine erste zusammenfassende Darstellung der geometrischen …

5. Das Parallelenaxiom

Unter den von EUKLID angegebenen *Axiomen* befand sich das …

6. Die Zerlegung von Ebene und Raum durch geometrische Formen

Die klassische Geometrie und mit ihr weitgehend die Mathematik …

Aufgabe 10
halb offen
Modelllösung

Suchen Sie genaue Antworten.
Passende Lösungen (andere Varianten möglich):
a. Das Wort „Geometrie" kommt aus dem Griechischen und bedeutet „Erdvermessung".
b. Man hat sich seit Jahrtausenden aus praktischen Gründen mit Geometrie beschäftigt.
c. Die euklidische Geometrie ist die Grundlage für die Geometrie.
d. Linien und Flächen werden als eine Folge von Geraden bzw. vieler einzelner Flächen beschrieben. Der Raum wird auch als in viele Teile zerlegbar beschrieben.

Aufgabe 11
geschlossen

Aus vielen Verben kann man ein Nomen mit …
Verben: behaupten, krümmen, markieren, voraussetzen, zusammenfassen
Nomina: -e Aufteilung, Behandlung, Beschreibung, Darstellung, Formulierung, Herleitung, Spannung, Steigung, Überlieferung, Umrundung, Vermessung, Zerlegung

Aufgabe 12
geschlossen

Welche der folgenden Aussagen sind im Text enthalten? …
Achtung: Die Aussagen 4. und 5. sollte man diskutieren.
ja: 2, 3, 4, nein: 1, 5

Aufgabe 13
geschlossen

Welche Präposition passt?
1. Seit – mit, 2. aus, 3. in, 4. von, 5. für, 6.Seit - bis

3.1.3. EUKLID im Kopf

Diskutieren!

Die Texte „Euklid im Kopf" (3.1.3.) und „Tangenten" (3.1.4.) bieten viel Diskussionsstoff, was nun „richtig" ist und was nicht. Geben Sie Ihren Lernern reichlich Gelegenheit, diese mathematischen Sachverhalte nochmals zu demonstrieren und zu begründen. Sie müssen dabei automatisch die mathematische Fachsprache gebrauchen!

Aufgabe 14
geschlossen

Steht das so im Text? Kreuzen …
Auch hier kann man die Lösungen diskutieren, z. B. 2. und 7.
ja: 1, 3, 4, 5, nein: 2, 6, 7

3.1.4. Tangenten

Grammatik – Bedingungssätze

Es geht bei der hier „notwendigen Grammatik" nur um einen Ausschnitt aus dem weiten Bereich der Kausalität, nämlich die Relation „wenn – dann" und ihre verkürzenden Varianten, die in mathematischen und technischen Texten extrem häufig sind. Die Satzmodelle sind leicht und wohl alle bekannt; doch ist vielen Lerner oft neu, dass sie alle dasselbe bedeuten.

|
Aufgabe 15
geschlossen | Schreiben Sie nach diesem Modell die anderen … |

grammatische Varianten	Beispielsätze
wenn – dann	Wenn man Wasser auf 100 Grad Celsius erwärmt, dann verdampft es.
(Inversion, betont) – dann	Wird Wasser auf 100 Grad erwärmt, dann verdampft es.
(Inversion, betont) – so	Wird Wasser auf 100 °Celsius erwärmt, so verdampft es.
(Inversion, betont) – (Inversion, betont)	Wird Wasser auf 100 Grad erwärmt, verdampft es.

Aufgabe 16
halb offen
Modelllösung

Schreiben Sie drei Sätze über Tangenten und …

Wenn man an allen Punkten einer Kurve eine Tangente anlegen kann, dann ist die Kurve stetig.

Kann man an allen Punkten einer Kurve eine Tangente anlegen, dann ist die Kurve stetig.

Kann man an allen Punkten einer Kurve eine Tangente anlegen, so ist die Kurve stetig.

Kann man an allen Punkten einer Kurve eine Tangente anlegen, ist die Kurve stetig.

Aufgabe 17
geschlossen

Was passt zusammen? Verbinden …

1c, 2e, 3b, 4f, 5a, 6d

Aufgabe 18
geschlossen

Setzen Sie bitte die passenden Wörter …

1. aus – ableiten, 2. in – gefasst, 3. in - aufteilen, 4. an – anlegen, 5. zerlegt – in, 6. aus - zusammengsetzt, 7. behandelt – als, 8. an – anpassen, 9. sich – an – annähert, 10. aus - herleiten

3.1.5. Beweise

schwierig und
nützlich

Während die bildlichen Darstellungen der Beweise für den Satz des Pythagoras unmittelbar einsichtig und für alle verständlich sind, ist die Verbalisierung ausgesprochen schwierig. Dabei gibt es wenig Übungen, die das Spezifische an einer fachsprachlichen Ausdrucksweise so deutlich machen wie diese Beweise. Deshalb sollte man diese Chance nicht verpassen und – unter Berücksichtigung des Grammatik-Tipps! – Zeit zum Üben einplanen. Auch als Gruppenarbeit sehr geeignet!

<table>
<tr><td>Aufgabe 19
offen</td><td>Wie könnte man die Konstruktion, die auf …</td></tr>
</table>

3.2. Fraktale Geometrie

Die Faszination der fraktalen Geometrie besteht einerseits in der Schönheit ihrer Bilder, bei denen sich Natur und Geometrie einander zum Verwechseln ähnlich werden, und andererseits darin, dass scheinbar selbstverständliche Fragen plötzlich in einem neuen Licht erscheinen. Während der Einführungsphase sollte man unbedingt auch die Lerner bitten, weitere Bilder und Beispiele zu recherchieren; z. B. von der vielfach bekannten Mandelbrot-Menge.

3.2.1. Einführung: Die Sprache der fraktalen Geometrie

<table>
<tr><td>Aufgabe 20
geschlossen,
Spalte 3 :
offene Aufgabe</td><td>Vervollständigen Sie die Tabelle und …
Nomina: -e Selbstähnlichkeit, -e Größe, -e Glätte, Regelmäßigkeit, Irregulatität
Adjektive: fraktal, mathematisch</td></tr>
</table>

3.2.2. Neue Perspektiven beim Messen? – Wie lang ist die Küste von England?

<table>
<tr><td>Aufgabe 21 und 22
geschlossen</td><td>Bilden Sie aus den Silben …/ Schreiben Sie …
Nomina: Kilometer, Küste, Landkarte, Länge, Maßstab, Raumschiff, Zentimeter, Zirkel
Verben: abmessen, laufen, verändern
Adjektive: eindeutig, topografisch</td></tr>
<tr><td>Aufgabe 23 und 24
offen</td><td>Beschreiben Sie… / Interpretieren Sie …
Beispiele für passende Sätze zu A23 und A24:
Wie lang ist die Küste von England?
Die Länge der Küste von England verändert sich, je nachdem, mit welchen Maßstab man misst.
Wenn man sie vom Raumschiff aus abmisst, dann ist sie kurz, denn man misst die Buchten nicht.
Bei kleinerem Maßstab wird sie länger.</td></tr>
</table>

Wenn man sie auf der Landkarte mit einer Zirkelweite von 100 Kilometer abmisst, dann ist sie viel kürzer als bei einer Zirkelweite von 50 Kilometer.
Gemessen mit einer Zirkelweite von 100 Kilometer beträgt die Küste von England 3800 Kilometer. Aber wenn man den Zirkel auf 17 Kilometer einstellt, dann ist sie 8640 Kilometer lang.

Aufgabe 25
offen
Typ: Technische
Gespräche

Diskussion
Nehmen Sie eine Landkarte, auf der Ihr Heimatland und ...

3.2.3. Dimension

Aufgabe 26
offen

Was fällt Ihnen zum Begriff ...

Aufgabe 27
offen
Modelllösung

Nennen Sie Beispiele für ...

nulldimensional
ein Punkt, ein Ball (weit weg)

eindimensional
eine Linie, ein Strich, ein Faden

zweidimensional
eine Fläche, ein Blatt Papier, eine Platte (von oben)

dreidimensional
ein Würfel, ein Haus, eine Kugel, ein Ball (in der Nähe)

Aufgabe 28
geschlossen

Verbinden Sie die Begriffe ...
1d, 2e, 3a, 4b, 5c

Fraktale Dimension? Welche Dimension hat ein Wollknäuel?

unbedingt
Versuch machen

Das Beispiel mit dem Wollknäuel sollte man *unbedingt* real durchspielen (ein Knäuel Paketschnur tut es genau so), es ist wirklich frappant! Theoretisch kann man sich zunächst unter einer „fraktalen Dimension" eher nichts vorstellen, aber wenn man den Versuch mit dem Knäuel einmal praktisch ausprobiert hat, beginnt man zu verstehen. Die „Versuchsanordnung" ist kinderleicht und sehr anschaulich – Sie müssen nur ein Knäuel zur Hand haben und die verschiedenen Entfernungen wirklich einnehmen.

Aufgabe 29
geschlossen

Setzen Sie die zutreffenden Ableitungen von „dimensional" sowie ...

(1) eindimensionale, (2) Punkt, (3) dreidimensionaler, (4) 10mm-Auflösung, (5) eindimensionalen, (6) Zylinder, (7) dreidimensional, (8) wird, (9) eindimensional

Aufgabe 30
offen

Schreiben Sie weitere Sätze, in dem Sie ...
Modell: s. Beispiele Lehrbuch S. 111

Aufgabe 31
halb offen
Modelllösung

Suchen Sie für jeden Abschnitt eine Überschrift.

Beobachtung ist vom Beobachter abhängig

Nach MANDELBROT weist die fraktale Geometrie auf die ....

Qualität statt Quantität

Damit wird quantitatives Messen als wichtigste Methode in Frage ...

Fraktale Dimension

Diese effektive fraktale Dimension der Kurve zeigt, wie glatt oder ...

Aufgabe 32
geschlossen

Suchen Sie das Wort „beobachten" im Wörterbuch und ...
Tätigkeit:
beobachten

Der Mensch, der dies tut:
der Beobachter

Die Sache, für die sich der Mensch interessiert:
Beobachtungsgegenstand, das Beobachtete

<table>
<tr><td>Aufgabe 33
offene Aufgabe</td><td>Lesen Sie jetzt bitte den Text „Fraktale Dimension" noch einmal …
Die vier Fragen sind Diskussionsanstöße zum Thema in weiterem Zusammenhang. Bei solchen echten Diskussionen des Inhalts „rutschen" die Lerner oft in ihre Mutter-/Lernersprache. Dies sollte man auch hin und wieder zulassen, denn es geht um das Verstehen der Inhalte. Man kann ja abschließend wieder in die Fremdsprache Deutsch „zurückgehen", z. B. um ein Fazit zu formulieren.</td></tr>
</table>

3.2.4. Die Koch-Schneeflocke

<table>
<tr><td>Aufgabe 34
halb offen</td><td>Zeichendiktat - Diktieren Sie Ihrem Lernpartner die Konstruktion …
Die Partnerarbeit ist durch das Bild so genau vorgegeben, dass man nicht mehr von einer offenen Aufgabe sprechen kann. Es ist sehr unterhaltsam, die Varianten, die beim ersten Versuch diktiert werden, zu sammeln und sie dann mit dem Originaltext zu vergleichen.</td></tr>
<tr><td>Aufgabe 35
halb offen
Modelltext</td><td>Formulieren Sie die Konstruktionsbeschreibung und …
In Schritt 0 zeichnet man eine Gerade, die heißt Initiator.
In Schritt 1 zerlegt man die Gerade in 3 Teile, lässt das mittlere Teil weg und macht daraus ein gleichseitiges Dreieck ohne Grundlinie. Die ganze Figur aus vier Teilen wird Generator genannt. Im Schritt 2 wiederholt man dasselbe in verkleinerter Form. In allen weiteren Schritten wird die verbleibende Strecke wieder in 3 Teile zerlegt und durch ein gleichseitiges Dreieck ohne Grundlinie ersetzt usw.</td></tr>
<tr><td>Aufgabe 36
geschlossen</td><td>Ordnen Sie die Definitionen den Begriffen zu:
1d, 2e, 3f, 4a, 5b, 6c</td></tr>
<tr><td>Aufgabe 37
geschlossen</td><td>Ergänzen Sie die Tabelle „Mathematische Entdeckungen"</td></tr>
</table>

Jahreszahl	Entdeckung	Mathematiker
200 Jahre vor Weierstrass	Infinitesimalrechnung	Newton und Leibniz
1872	eine nicht differenzierbare Kurve	Weierstrass
1904	Koch-Kurve	Helge von Koch

<table>
<tr><td>Aufgabe 38
offen – Typ
Technische
Gespräche</td><td>Kurzreferate
Nach unseren Erfahrungen kennen sehr viele Studenten noch andere Beispiele aus der fraktalen Geometrie. Es ist ausgesprochen anregend, das Thema um weitere, von den Lernern ausgewählte und präsentierte Aspekte auszuweiten.</td></tr>
</table>

Zu Kapitel 4: Chemie und Werkstoffkunde 1

Hinweise zum Inhalt (1)

Im ersten Teil „Aus der Chemie" (4.1.) steht die *Verbalisierung* chemischer Grundbegriffe, Symbole und Gleichungen sowie die wichtigsten sprachlichen Mittel zur Verständigung über das Periodensystem (PSE) im Vordergrund. Zu dieser Fachlexik gehören die Namen chemischer Elemente und Benennungen aus dem PSE (Ordnungszahl, Haupt- und Nebengruppe etc.). Die Beispiele für Reaktionen stammen aus der Anorganischen Chemie und beziehen sich auf elementares Basiswissen über chemische Modelle, Stoffe und Vorgänge (Atom, Molekül, Element, Reaktion, Synthese, Zerlegung, Molekülverbindung, Säure etc.). Zum Verständnis der Systematik der chemischen Nomenklatur ist die Kenntnis der griechischen Zahlwörter (von 1 – 7) hilfreich; deshalb werden sie vorgestellt.

Fachsprachen-didaktisches Prinzip

An Beispielen aus der Chemie wird ein didaktisches Grundprinzip der Fachsprachenorientierung im DaF-Unterricht deutlich: *Nicht die Formel ist das Problem, sondern ihre Verbalisierung in deutscher Sprache.*

Jeder Lerner, der in der Schule etwas Chemieunterricht hatte, kennt die hier aufgeführten Inhalte. Aber Chemieunterricht *auf Deutsch* hatten die wenigsten. Deshalb sind ausführliche Ausspracheübungen so wichtig, die im Plenum demonstriert und in Partnerarbeit ausgeführt werden sollen (A3, A4, A5, A7, A8, A25, A26). Einerseits macht das Spaß und andererseits ist durch die aktive Anwendung und Partnerkontrolle der Übungseffekt am größten.

Um über das PSE zu kommunizieren, benötigt man präzise Benennungen; die *Bedeutung* der strukturellen Begriffe (z. B. Kernladungszahl, Periode wird als bekannt vorausgesetzt, aber das *deutsche Wort* dafür ist neu. Philologisch ausgebildete Sprachlehrer wundern sich oft, wie viel man sich über das PSE unterhalten kann, für Lerner mit fachlicher Ausbildung ist das dagegen kein Problem.

Zu den sprachlichen Aspekten

Fachtypische Verben

Zur Verbalisierung chemischer Formeln und Reaktionen benötigt man einige spezifische Verben (*ablaufen, aufbauen, bestehen aus, bilden, reagieren mit … zu, sich umsetzen, sich verbinden zu …, spalten, teilen, zerlegen u. ä.*), die zudem häufig im Passiv verwendet werden. Es sind nicht viele Verben, aber sie enthalten mehrere strukturelle Formen des Verbs im Deutschen: sie können reflexiv, teilbar oder nicht teilbar sein, stark oder schwach konjugiert werden und bestimmte Präpositionen erfordern. Vermutlich sind diese Verbtypen bekannt, falls dies nicht der Fall ist, sollte man sie wiederholen und durch Parallelen aus der Allgemeinsprache absichern. In den Anfangsübungen (vor allem A3 – A8) werden sie vielfältig gebraucht.

Systematische Wortbildung von Adjektiven

Ein wichtiger Schwerpunkt ist die Systematik der Wortbildung im Adjektivbereich: Während Adjektive mit Suffixen (z. B. *-ig, -isch*) bereits in Kapitel 3 systematisiert wurden, geht es in Kapitel 4 um Adjektivkomposita oder auch Suffixoide (z. B. *-arm, -reich, -wertig, -haltig*) sowie die Möglichkeiten der Nominalisierung (z. B. *Wertigkeit*). Für die Lerner ist der Begriff „Suffixoid" überflüssig, auch die Unterscheidung, ob zur Bildung eines neuen Adjektivs eine Nachsilbe (*-los*) oder ein Adjektiv in der Funktion einer Nachsilbe, also ein sog. Suffixoid (*-wertig*), verwendet wird, ist zweitrangig. Dagegen muss die *Bedeutung* gelernt werden (A17, A18, A19, A20).

Das Thema der Wortbildung bei Adjektiven bietet sich in diesem Kontext an, weil es inhaltlich so gut zur Benennung von chemischen Eigenschaften passt, was ja elementarer Bestandteil der Fachlexik ist.

Systematik für Komposita mit griechischen Zahlwörtern

In der Chemie werden sehr viele lange Komposita verwendet, die mit griechischen Zahlwörtern gebildet werden (z. B. *Stickstoffmonoxid, Chlordioxid, Schwefeltrioxid*). Im Labor benutzt man zur Verständigung darüber vorrangig die Formeln, weil sie viel kürzer sind; sofern man aber die korrekten Benennungen in Worten – die Nomenklatur – braucht, kann man diese viel leichter verstehen, wenn die Systematik der griechischen Zahlwörter sowie die Regelhaftigkeit der Wortbildung bekannt ist.

Chemische Elemente

Die Benennung der chemischen Elemente ist im Periodensystem weltweit einheitlich genormt, dadurch ist die Verständigung einfach. Minimale Missverständnisse könnten höchstens durch phonetische Unterschiede in der Aussprache entstehen. Für einige Elemente gibt es neben der auf die lateinische (z. B. *Ferrum*) oder griechische (z. B. *Neon*) Wurzel zurückgehende Benennung ein deutsches Wort (z. B. *Gold* für *Au*, lat. *Aurum*); wichtige Beispiele dazu sind in der Tabelle zu A24 berücksichtigt. Das PSE ist ein besonders geeignetes Thema zum *Üben* von fachlich korrekten *Fragen und Antworten* auf der Basis international standardisierter Informationen in Tabellenform (A25, A26). Dabei sind die Fragestrukturen unkompliziert, die Fachlexik wird intensiv geübt und der Transfer auf weitere Bereiche ergibt sich wie von selbst.

Zu den kommunikativen Aspekte

In Abschnitt 4.1. wird das *Thema „Definieren"* wieder aufgegriffen und systematisch aufgebaut. Die Progression geht von der einfachen *Zuordnung von Begriffen zu* kurzen *Definitionen* bis zur abstrahierenden Darstellung des *logischen* (Kommunikations-)*Verfahrens* Definieren sowie typischen *Textbeispielen* aus der Chemie. Schrittweise werden geeignete *Redemittel* vorgestellt, komplexer werdende *Modell-Definitionen im Text* präsentiert und analysiert. Am Ende können mit Hilfe präziser Informationen aus chemischen Tabellen und dem PSE fachlich korrekte Definitionen mündlich und schriftlich formuliert werden (A28, A29).

4.1. Aus der Chemie

4.1.1. Chemische Grundbegriffe

Aufgabe 1
geschlossen

Schreiben Sie den richtigen Begriff über den …
Molekül, Molekül, Moleküle
Atom, Atom, Atome
Element, Element, Elemente, Elemente
Synthese, Synthese

Aufgabe 2
halb offen
Modelllösung

Versuchen Sie Begriffe aus dem Alltag zu definieren und …
Eine Fahrschule nennt man eine private Schule, in der man lernt, wie man ein Kraftfahrzeug fährt.
Eine Tomate ist ein rotes, rundes Gemüse, das man z. B. für Ketchup verwendet. Aber man kann es auch als Salat essen.
Als Optiker bezeichnet man jemand, der Brillen, Mikroskope, Ferngläser usw. macht, repariert und verkauft.

Aufgabe 3
geschlossen –
Typ Wechselspiel

Und jetzt weiter mit Definitionen aus …
Bei beiden Partnern A und B entsteht die gleiche Lösung:
He - Helium, O - Sauerstoff, Fe - Eisen, Mg - Magnesium

offen

Die letzten beiden Zeilen in der Tabelle zu A3 sind offen für eigene Beispiele der Lerner. Diese sollte man suchen lassen, vortragen und diskutieren.

Aufgabe 4
geschlossen –
Typ Wechselspiel

Ergänzen Sie die Sätze und füllen Sie …
Bei beiden Partnern A und B entsteht die gleiche Lösung:
NaCl – Natriumchlorid, H_2O – Wasser, HCl - Chlorwasserstoff

offen

Die letzten drei Zeilen in der Tabelle zu A4 sind offen für eigene Beispiele der Lerner. Darüber sollte man diskutieren.

Lesen und
Sprechen

Die Kurztexte zur richtigen Verbalisierung „Reaktionsgleichungen – wie sagt man?" kombinieren Modelle zur phonetisch und grammatikalisch korrekten Aussprache mit Basisinformationen zur semantischen Seite chemischer Gleichungen, deshalb sollte man sie laut lesen und mit weiteren Beispielen vertiefen. Wichtig ist auch, dass die Formeln und Tabellen als *Teile des Textes* rezipiert werden.

Aufgabe 5
geschlossen

Ergänzen Sie die Tabelle und lesen Sie laut vor. Verwenden …

Ausgangsstoffe: $C - O_2$, $H_2 - O_2$, $S - O_2$, $Na - Cl$, $H_2 - Cl_2$
Reaktionsprodukte: CO, H_2O, SO_2, $NaCl$, HCl

Aufgabe 6
offen

Schreiben Sie sechs Reaktionsgleichungen in Worten, …

Über die *chemische* Richtigkeit der Reaktionsgleichungen sollten die Lerner diskutieren und entscheiden. Als Lehrende achten Sie bitte nur auf die *sprachliche* Korrektheit der Sätze.

Aufgabe 7
geschlossen

a) Wie sagt man also für die Zerlegung von …

Wasser wird in Wasserstoff und Sauerstoff zerlegt.

offen

b) Nennen Sie 3 weitere Beispiele für …

Für den Kurztext „Chemische Pfeile" gilt dasselbe wie für den auf S. 124.

Aufgabe 8
geschlossen

a) Wie sagt man also zu dieser Reaktion? $2\,CO + O_2 \rightleftarrows 2\,CO_2$

Kohlenmonoxid reagiert mit Sauerstoff zu Kohlendioxid und rückwärts. oder: Kohlenmonoxid reagiert in einer Gleichgewichtsreaktion mit Sauerstoff zu Kohlendioxid.

offen

b) Suchen Sie weitere Beispiele für …

4.1.2. Molekülverbindungen

Aufgabe 9
geschlossen

a) Im folgenden Abschnitt fehlen ein paar …

(1) aus, (2) einem, (3) mit, (4) in, (5) das, (6) die

geschlossen

b) Welcher Satz definiert den Begriff „Molekül"? …

Der 3. Satz definiert so:
„Ein Molekül ist das kleinste Teilchen einer Molekülverbindung, das noch die Eigenschaften dieser Molekülverbindung besitzt".

Aufgabe 10 & 11
geschlossen

Entscheiden Sie: Ist … Definition?

(10) ja, (11) ja

griechische Zahlwörter

Die Beispiele aus dem Informationstext über Aussprache und Bedeutung von Wörtern griechischen Ursprungs muss man nicht aktiv lernen, aber man versteht sie viel leichter, wenn man die Systematik kennt.

Aufgabe 12
geschlossen

Schreiben und sagen Sie die Formeln dieser …

CO, CO_2, SO_3, NO, N_2O, N_2O_4, SO_2, PO_5, ClO_2

Aufgabe 13
geschlossen

Schreiben und sagen Sie die Namen dieser …

N_2O_4 = Distickstofftetroxid, N_2O_3 = Distickstofftrioxid,
ClO_2 = Chlordioxid, Cl_2O = Chlormonoxid

Aufgabe 14
geschlossen

Gibt es in diesem Text eine Definition?

nein

Wortbildung

Im Folgenden (bis A22) werden häufige Wortbildungsmuster für Adjektive systematisch dargestellt und geübt. Methodisch muss man darauf achten, dass
- die Kurztexte rezipiert werden
- die jeweilige Bedeutung des Suffixoids klar ist
- möglichst weitere Beispiele gesucht werden (sie müssen nicht zur Chemie passen)

Für alle selbst konstruierten Beispiele gilt: Man kann beliebig viele „Phantasiewörter" erfinden, die zwar den Regeln der Wortbildung entsprechen und meist auch richtig verstanden werden, aber für Muttersprachler komisch klingen, weil sie einfach nicht gebräuchlich sind (z. B.: *ein *wollhaltiger Pullover*, ein *singfähiger Mensch, ein kartoffelarmes Mittagessen*).

Aufgabe 15
geschlossen

Tragen Sie in die folgende Tabelle die …

H_2SO_4, H_2SO_3, H_2S, H_2CO_3 – zweiwertig; H_3PO_4 – dreiwertig;
HNO_3, HNO_2, HF, HCl, HBr, HI – einwertig

Aufgabe 16
halb offen
Modellsätze

Schreiben Sie sieben Fragen, auf die der Text …

Was enthalten alle Säuren? Liegen alle Säuren in gleicher Form vor?
Wie teilt man die Säuren ein?

Aufgabe 17
geschlossen

Schreiben Sie kurze Sätze nach dem Modell in die Tabelle:

Eine metallhaltige Verbindung enthält Metall.
Eisenhaltiges Wasser enthält Eisen... usw.
Eine fettfreie Diät enthält kein Fett.
Eisenfreies Wasser enthält kein Eisen... usw.

Aufgabe 18
offen

Tragen Sie weitere Beispiele in …

z. B.: reaktionsfähig: Na + H2NaOH +H2
reaktionsträge: Fe + O_2 + H_2O $Fe(OH)_3$ (Rost)

Wie sagt man zu …

Ozon zerfällt zu molekularem Sauerstoff O_2 und atomarem Sauerstoff O.

Aufgabe 19
geschlossen

Setzen Sie folgende Wörter in die …

(1) dreiatomig, (2) zweiatomig, (3) molekular(er), (4) atomar(er),
(5) molekular, (6) atomar

Aufgabe 20
offen
Tipp

Kennen Sie Beispiele dafür? Dann schreiben Sie …
Leichte offene Aufgaben dieser Art bieten sprachlich schwächeren, aber fachlich besseren Lernern gute Chancen auf kleine Erfolgserlebnisse, die sich auf den Fremdspracherwerb immer positiv auswirken.

Aufgabe 21
offen

Suchen Sie weitere Beispiele …

Aufgabe 22
geschlossen

Ergänzen Sie die Tabelle und die Lücken im Text.
Temperatur (°C): unter 0, von 1-99, über 100
Wort: Wasser
(1) gasförmig, (2) flüssig, (3) fest, (4) fest, (5) gasförmig,
(6) fest, (7) gasförmig

4.1.3. Das Periodensystem der Elemente

Aufgabe 23
offen
Übersetzung
kontrollieren

Wie heißen die kursiv gesetzten Begriffe in …
Der Text zum Periodensystem enthält die korrekten Begriffe für die Ordnung im PSE; diese sollten unbedingt durch Übersetzen abgesichert werden, weil es sich dabei um die grundlegende Lexik des Faches Chemie handelt.

Aufgabe 24
geschlossen

Schreiben Sie das Buchstabensymbol zum …

Symbol	Name	Symbol	Name	Symbol	Name	Symbol	Name
89 Ac	Actinium	35 Br	Brom	01 H	Wasserstoff	07 N	Stickstoff (lat. **N**itrogenium)
47 Ag	Silber (lat. **Arg**entum)	06 C	Kohlenstoff	02 He	Helium	11 Na	Natrium
13 Al	Aluminium	48 Cd	Cadmium	80 Hg	Quecksilber (lat. **H**ydrar**g**yrum)	10 Ne	Neon
51 Sb	Antimon (lat. **St**i**b**ium)	55 Cs	Cäsium	77 Ir	Iridium	28 Ni	Nickel
18 Ar	Argon	20 Ca	Kalzium	53 I	Jod (engl. **I**odine)	08 O	Sauerstoff (lat. **O**xygenium)
33 As	Arsen	17 Cl	Chlor	19 K	Kalium	16 S	Schwefel (lat. **S**ulfur)

79	Au	Gold (lat. **Au**rum)	24	Cr	Chrom	27	Co	Kobalt	22	Ti	Titan
56	Ba	Barium	63	Eu	Europium	06	C	Kohlenstoff (lat. **C**arbon)	92	U	Uran
04	Be	Beryllium	29	Cu	Kupfer (lat. **Cu**prum)	36	Kr	Krypton	23	V	Vanadin
83	Bi	Wismut	99	Es	Einsteinium	03	Li	Lithium	74	W	Wolfram
82	Pb	Blei (lat. **Pl**u**b**um	26	Fe	Eisen (lat. **Fe**rrum)	12	Mg	Magnesium	54	Xe	Xenon
05	B	Bor	09	F	Fluor	25	Mn	Mangan	30	Zn	Zink

<table>
<tr><td>Hinweis zu
Aufgabe 24</td><td>Es kommt nicht darauf an, all diese Namen zu lernen, sondern sich mit dem PSE „auf Deutsch" näher zu beschäftigen. Dies dient u. a. als Vorbereitung für die folgenden Aufgaben.</td></tr>
</table>

Aufgabe 25
geschlossen

Fragen Sie Ihren Lernpartner – er hat …
Alle Lösungen finden die Lernpartner innerhalb des Wechselspiels.

Aufgabe 26
halb offen

a) Betrachten Sie zusammen das Periodensystem …
a) Mögliche Fragen s. A25

Modelllösungen

b) Schreiben Sie die passenden Fragen zu den Antworten.
1. Welche Eigenschaft hat Wasserstoff?
2. Wie heißen die senkrechten Spalten im PSE, mit römischen Ziffern und a?
3. Und wie bezeichnet man die waagrechten Zeilen, mit arabischen Ziffern?
4. Was steht immer links unterhalb des Symbols für ein Element?
5. Gibt es noch eine andere Bezeichnung für Ordnungszahl?
6. Welche Zahl steht über dem Symbol für das Element?

Aufgabe 27
geschlossen

Ordnen Sie zu:
in Stichworten:

Begriff: Molekül

Oberbegriff: chemische Verbindung

spezifische Merkmale: - kleinstes Teilchen eines Elements

- besteht aus 2 oder mehr Atomen

- mit chemischen Methoden zerlegbar

in Sätzen:

`Es ist das kleinste Teilchen einer chemischen Verbindung.`
`Es besteht aus 2 oder mehr Atomen.`
`Es kann mit chemischen Methoden in seine Bestandteile zerlegt werden.`

richtiges Definieren

Im Beispiel 2 wird modellhaft eine präzise Definition für Aluminium präsentiert: Zuerst in Stichworten, dann als Text. Danach werden geeignete sprachliche Redemittel, Wörter und Wendungen sowie richtige Modellsätze gezeigt. Mit diesen sprachlichen Mitteln und den Informationen aus den Tabellen A (Leichtmetalle) und B (Schwermetalle) können ohne weiteres ebenso präzise Definitionen für Kalzium und Cadmium formuliert werden.

Aufgabe 28
halb offen
Modelllösung

Schreiben Sie die Definitionen von Kalzium und ...

`Kalzium (chemisches Symbol Ca) ist ein Leichtmetall. Es hat die Ord-`
`nungszahl 20 und die relative Atommasse 40,078. Seine Dichte beträgt`
`1,55 kg/dm³. Es ist silbrig weiß und fest und schmilzt erst bei 842⁰C.`
`Der Siedepunkt von Ca liegt bei 1090⁰C. Es verfügt über eine gute`
`elektrische Leitfähigkeit von 29,8x10⁶ S/m. Man verwendet es als Reduk-`
`tionsmittel und Legierungszusatz.`

Aufgabe 29
offen

Wählen Sie weitere Stoffe aus den Listen aus. Definieren ...

Die Aufgabe funktioniert nur in Partnerarbeit, dort aber sehr gut.

4.2. Aus der Werkstoffkunde

Hinweise zum Inhalt (2)

ingenieur-wissenschaftliche Schlüsseldisziplin

Das Fachgebiet Werkstoffkunde ist eine ingenieurwissenschaftliche Schlüssel-disziplin mit großer Bedeutung für technische Innovationen. Deshalb wird sie im vorliegenden Lehrbuch sogar in zwei Kapiteln präsentiert: Werkstoff-kunde 1 und 2. Im ersten Teil (4.2.1. und 4.2.2.) geht es um die Hinführung zu grundsätzlichen Fragestellungen, wie z. B.: Was sind Werkstoffe? Wie werden sie eingeteilt? Welche Materialien sind in der Natur zu finden? Welche Werkstoffe werden – manche seit Urzeiten – in welchen Prozessen hergestellt? Seit wann gibt es eine Werkstoffwissenschaft?

Allgemeine Prinzipien:

Zwei prinzipielle Bereiche der Werkstoffkunde werden aufgezeigt: der Werk-stoffkreislauf (4.2.3. und 4.2.5.) und die Fertigungsverfahren (4.2.4.). Beide sind relativ abstrakt und beziehen sich *nicht* auf einen bestimmten Werkstoff, sondern allgemein auf die grundlegenden Prozesse:

<table>
<tr><td>

Werkstoffkreislauf

</td><td>

Werkstoffkreislauf: Woher kommt ein Werkstoff? Was geschieht mit ihm? Wohin geht er?

</td></tr>
<tr><td>

Fertigungs-
verfahren

</td><td>

Fertigungsverfahren: Mit welchen Verfahren werden feste Körper hergestellt, um zu technischen Produkten zu werden?

</td></tr>
</table>

Das allgemeine Prinzip des Werkstoffkreislaufs wird zuerst theoretisch, dann exemplarisch am Beispiel Glasrecycling veranschaulicht. Die Gruppierung der Fertigungsverfahren (vgl. Exkurs) entspricht der DIN-Norm . Die Einteilung in Werkstoffklassen (4.2.6.) stellt den Übergang zu Informationen über konkrete Materialien und Werkstoffe dar, die Inhalt des 5. Kapitels sind.

Exkurs Fertigungs-
verfahren

Die Fertigungstechnik (Teilgebiet von Maschinenbau und Produktionstechnik) definiert Fertigungsverfahren als Verfahren zur Herstellung von geometrisch bestimmten festen Körpern. In der Regel müssen mehrere Fertigungsverfahren miteinander kombiniert werden, um aus *Rohteilen* über *Halbfertigteile* fertige *Produkte* herzustellen, z. B. Werkzeuge oder Maschinen.

Die Fertigungsverfahren werden nach der DIN 8580 in sechs *Hauptgruppen* unterteilt, deren Schwerpunkt in der Metallverarbeitung liegt. Merkmal der Einteilung ist der Begriff *Zusammenhalt* im Sinne des Zusammenhalts von Teilchen eines festen Körpers oder als Zusammenhalt der Teile eines zusammengesetzten Körpers. Der Zusammenhalt wird entweder *geschaffen* (Urformen), *beibehalten* (Umformen, Umlagern von Stoffteilchen), *vermindert* (Trennen, Aussondern von Stoffteilchen) oder *vermehrt* (Fügen, Beschichten, Einbringen von Stoffteilchen):

1. *Urformen (Zusammenhalt schaffen)*
   Alle Fertigungsverfahren, in denen aus formlosem Stoff ein Werkstück hergestellt wird, bezeichnet man als Urformverfahren. Dadurch wird der Zusammenhalt der Stoffteilchen erst geschaffen. Beispiel: Gießen, Sintern.
2. *Umformen (Zusammenhalt beibehalten)*
   Man nennt alle Fertigungsverfahren, in denen Werkstücke aus festen Rohteilen durch bleibende Formänderung erzeugt werden, Umformverfahren. Beispiele: Schmieden, Walzen, Biegen.
3. *Trennen (Zusammenhalt vermindern)*
   Alle Verfahren, in denen die Form eines Werkstücks durch die Aufhebung des Werkstoffzusammenhalts an der Bearbeitungsstelle geändert wird, nennt man Trennverfahren. Die Trennverfahren werden untergliedert in zerteilende, spanende und abtragende Verfahren. Beispiel: Sägen, Feilen, Drehen, Fräsen, Bohren, Hobeln, Schleifen, Schneiden.
4. *Fügen (Zusammenhalt vermehren)*
   Fügen ist das langfristige Verbinden oder sonstige Zusammenbringen mehrerer Werkstücke geometrisch bestimmter fester Form oder von ebensolchen Werkstücken mit formlosem Stoff. Beispiele: Verschrauben, Schweißen, Löten, Kleben, Nieten.

5. *Beschichten (Zusammenhalt vermehren)*
   Beschichten ist Fertigen durch Aufbringen einer fest haftenden Schicht
   aus formlosem Stoff an ein Werkstück. Beispiele: Lackieren, Galvanisieren,
   Verzinken.
6. *Stoffeigenschaften ändern*
   Stoffeigenschaften ändern ist Fertigen durch Verändern der Eigenschaften
   des Werkstoffes, aus dem ein Werkstück besteht. Beispiele: Härten, Glühen.

Zur Sprache

Vielfältiger Wortschatz

Das Thema Werkstoffkunde erfordert einen umfangreichen Wortschatz mit
sehr vielen Spezialbegriffen, sowohl was die Vielfalt der Werkstoffe als
auch der hoch differenzierten Fertigungsverfahren (s. Exkurs) anbelangt. Dabei
werden sehr viele seltene Verben gebraucht (fügen, um- u. urformen, verzinken, sintern, fräsen usw.), oft in der Form des nominalisierten Infinitivs: Das
Kleben, das Härten, das Aufdampfen. Das Wichtigste ist, den Lernern zu
vermitteln, dass sie nicht alle diese Vokabeln lernen müssen, sondern dass sie
die *Unterschiede* in der Gruppierung *der Fertigungsverfahren* verstehen, je
nachdem, was mit den Stoffen gemacht wird. Dazu helfen exemplarische Übersetzungen und schematische Zeichnungen (A42). Auch hier kommt es
nicht auf das Auswendiglernen sämtlicher seltener Wörter an, sondern auf
das Grundverständnis der Prinzipien.

Wichtige Grammatik: Passiv

Da das Passiv in allen Fachtexten hochredundant ist und im Kontext der
Werkstoffkunde ganz besonders häufig verwendet wird, sind im Lehrbuch
(S. 141) die wichtigsten Regeln und der Formenbestand aufgeführt, und
zwar für Vorgangs- und Zustandspassiv im Präsens und im Imperfekt. Bei den
Perfektformen wurde nur das Vorgangspassiv berücksichtigt; andere Formen
sind zu selten, verwirrend und kompliziert und auf dieser Lernstufe nicht
notwendig. Diese – pragmatisch vereinfachte – Systematik dient somit der
Wiederholung und/oder Auffrischung des Themas Passiv. Man sollte zunächst
weitere allgemeinsprachliche Beispiele sammeln (*Ein Lied wird gesungen,
die Prüfung ist verschoben* usw.) und dann mit der Aufgabe 32 wieder zum
Thema Werkstoffkunde zurückkommen.

Wichtige Wortart: Adjektive

Das Wichtigste an Werkstoffen sind ihre spezifischen Eigenschaften, und zur Beschreibung von Eigenschaften benötigt man als sprachliche Mittel die *Adjektive*.
Deshalb ist mit dem inhaltlichen Thema „Werkstoffkunde" das sprachliche
Thema „Adjektive" untrennbar verbunden. Zum Verfügen über einen angemessenen Wortschatz gehören unbedingt Kenntnisse über die Systematik der Adjektivbildung im Deutschen. Während in Teil 4.1. (Aus der Chemie)
bereits typische Komposita vorgestellt wurden (Adjektive mit *–haltig, –
förmig, -frei* usw.), werden in Teil 4.2. (Werkstoffkunde 1) zahlreiche Beispiele
von Partizipien (I und II) verwendet, die – wie Adjektive - zur Beschreibung
von Prozessen und Verfahren dienen (z. B. *sortiert, zerkleinert, geschmolzen,*

abgeschieden, recycelt). Die zusammenfassende Systematik der Wortbildung für Adjektive wird dann in Kap. 5 (Werkstoffkunde 2) vorgestellt.

WordCloud Wenn Sie selbst eine Grafik wie Abb. 3 erstellen wollen, dann gehen Sie zu www.wordle.net. Wordle generiert „ Wortwolken „ aus Texten, die man als Lehrer selbst auswählt und in das Textfeld kopiert. Je häufiger ein Wort im Quelltext vorkommt, desto größer erscheint es in der Grafik. Die Wolken werden in verschiedenen Schriftarten , Layouts und Farbschemata angeboten und lassen sich problemlos speichern und weiterverarbeiten.

Aufgabe 30
offen

Welche Werkstoffe sind Ihnen bekannt? ...

4.2.1. Was sind Werkstoffe? (Teil 1)

Aufgabe 31
halb offen
Modelllösung

Schreiben Sie zu den Nominalisierungen aus ...
1. Wie ist das Bauteil mikroskopisch aufgebaut?
2. Wie ist der Prozess, in dem das Bauteil hergestellt wird?
3. Wie wird der Werkstoff für das Bauteil konstruktiv gestaltet?
4. Wie wird das Bauteil im Betrieb beansprucht?

Aufgabe 32
offen

Schreiben Sie 7 Passiv-Sätze zum ...
Modell s. Beispielsatz im Lehrbuch S. 141 u.

Was sind Werkstoffe? (Teil 2)

„Werkstoffe" ... sind die Brücke vom Stoff zum Ding." Die Bedeutung von diesem kompakten Merksatz ist vielleicht zu Beginn noch nicht ganz klar; je mehr man sich jedoch mit der Werkstoff- und Materialkunde beschäftigt, desto besser begreift man ihn. Deshalb kann er wie ein Motto immer wieder zitiert und interpretiert werden. A35 dient explizit zur schriftlichen Übung und Reflexion.

Aufgabe 33
geschlossen

Ergänzen Sie die folgende Tabelle zum Thema Werkstoffe:

Konstruktionswerkstoffe/Strukturwerkstoffe	Funktionswerkstoffe
Festigkeit, Verformbarkeit, Zähigkeit, Beständigkeit gegen Korrosion	elektrische, magnetische optische, thermische Eigenschaften

Aufgabe 34
geschlossen

Ergänzen Sie die folgende Tabelle zur ...
Adjektive: beständig, zäh, verformbar, spröde, fest
Nomina: Abhängigkeit, Thermik, Magnet – Magnetismus, Optik

offen   Verwandte Wörter: hängen, formbeständig, zähflüssig, verformen, befestigen, feststellen, Optiker
Beim Suchen nach verwandten Wörtern stellt sich heraus: Es gibt viele Adjektive, Nomina und Komposita, aber wenig Verben.

Aufgabe 35
offen

Schreiben Sie einen kleinen Text zu …

Aufgabe 36
geschlossen

Beantworten Sie die Fragen zum folgenden Text.
1. Holz, Ton Stein
2. Seit etwa 300 Jahren
3. Verhüttung

4.2.2. Materialwissenschaft und Werkstofftechnik

Aufgabe 37
geschlossen

Schreiben Sie alle Passivkonstruktionen aus …

Passivkonstruktion	Infinitiv
müssen hergestellt werden	herstellen
wurde angesammelt	ansammeln
··· wurde in Beziehung gesetzt	in Beziehung setzen
··· wurden optimiert	optimieren

4.2.3. Der Werkstoffkreislauf

Aufgabe 38
geschlossen

Ergänzen Sie den folgenden Text mit Hilfe …
(1) Rohstoff, (2) Informationen, (3) Fertigung, (4) Urformen, (5) Umformen, (6) Trennen, (7) Fügen, (8) versagen, (9) Endpunkt, (10) verbrannt, (11) Werkstoffkreislaufs.

Aufgabe 39
geschlossen

Tragen Sie passende Verben in die Tabelle ein.
Spalte 1: recyclen (auch: recyceln), herstellen, weiterverarbeiten, fertigen, trennen
Spalte 2: gebrauchen, entsorgen, freisetzen, deponieren, kompostieren, versagen

Aufgabe 40 geschlossen / halb offen	**Bilden Sie mit dem aufgelisteten Wortschatz Sätze …** Halbzeuge werden hergestellt.

Aufgabe 40
geschlossen /
halb offen

Bilden Sie mit dem aufgelisteten Wortschatz Sätze …

Halbzeuge werden hergestellt.
Informationen werden verwendet.
Erfahrungswissen wird angewandt.
Energie wird verbraucht.
Die mikroskopische Struktur wird mit der Festigkeit eines Werkstoffs in Beziehung gesetzt.
Rohwerkstoffe werden weiterverarbeitet.
Endprodukte werden benutzt.
Kaputte Teile werden entsorgt.
Rohstoffe werden zurückgewonnen.
Materialien werden recycelt.
Reststoffe werden verbrannt oder deponiert.
CO_2 wird freigesetzt.
Biologisch abbaubare Materialien werden kompostiert.
Glas wird wieder eingeschmolzen.
Neue Werkstoffe werden gefertigt.
Halbzeuge und Rohwerkstoffe werden zu Endprodukten weiterverarbeitet.

4.2.4. Fertigungsverfahren

Aufgabe 41
geschlossen

Welche Definition passt zu welchem …

1e, 2d, 3f, 4a, 5b, 6c

Aufgabe 42
a, c) offen
Tipp

a) Suchen Sie die folgenden Begriffe im …

Lesen Sie bitte noch einmal den Exkurs „Fertigungsverfahren", bevor Sie A42 bearbeiten lassen. Es geht dann viel leichter.

b) geschlossen

Urformen u. Stoffeigenschaften ändern: kein Beispiel in der Liste – finden Sie vielleicht eines dazu?
Umformen: Biegen, Schmieden, Gießen, Sintern
Trennen: Drehen, Sägen, Fräsen
Fügen: Kleben, Verschrauben, Schweißen, Löten
Beschichten: Galvanisieren, Lackieren

4.2.5. Praktisches Beispiel: Glasrecycling

Aufgabe 43
halb offen
Modelllösung

Bilden Sie kurze Passivsätze zu den …

Das Altglas wird nach Farben sortiert.

Das Altglas wird zerkleinert.

Glas wird von Metall und Papier abgeschieden.

Die Glasscherben werden gesiebt.

Die Glasscherben werden geschmolzen.

Aus dem geschmolzenen Glas werden wieder neue Endprodukte herge-

stellt, z. B. Flaschen und Konservengläser.

Aufgabe 44
geschlossen
Achtung!

Setzen Sie die Wortteile zu 12 Komposita …

Hier hat sich ein Druckfehler eingeschlichen. Lassen Sie zuerst die beiden
Silben (~~Fremd~~-~~Roh~~) herausstreichen und fügen Sie noch den Wortteil
Anfangs- dazu.
Erst dann lassen Sie Wörter suchen. Zu finden sind:
Werkstoffkreislauf, Anfangspunkt, Endpunkt, Halbzeug, Rohstoff, Rest-
stoff, Rohwerkstoff, Endprodukt, Fertigung-s-technik, Herstellung-s-
prozess, Ausgang-s-stoff
Varianten:
Ausgangs-punkt, Fertigung-s-prozess, Werkstoff
(dann fehlt 1x *Werk*!)

4.2.6. Werkstoffklassen und -gruppen

Aufgabe 45
geschlossen

Ordnen Sie die Werkstoffe den …

Klassische Werkstoffgruppen

Metalle	Keramik	Glas	Polymere
Eisenguss	Nicht-oxidkeramik	Strukturglas	Duroplaste
Stahl	Oxidkeramik	Funktionsglas	Elastomere
Nichteisenmetall			Thermoplaste

Neue Werkstoffgruppen

Verbundstoffe	Halbleiter	Naturstoffe	Smart Materials
Keramik-Matrix-Komposit	Silizium	Holz	Form-Gedächtnis-Materialien
Metall-Matrix-Komposit	Nichtsilizium	Naturstein	Piezoelektrische Materialien
Polymer-Matrix-Komposit		Naturfaser	

Aufgabe 46   *Recherche*

Technische   **1. Suchen Sie sich aus jeder Werkstoffgruppe je …**

Gespräche   Eine Modelllösung erübrigt sich, da sowohl die Gliederung als auch die Redemittel für die Präsentation der Recherche angegeben sind.

Zu Kapitel 5: Werkstoffkunde 2

Zum Inhalt

Zukunfts-
technologien

Die Werkstoffkunde ist deshalb eine ingenieurwissenschaftliche Schlüssel-
disziplin, weil sie eine Vielzahl von Lösungen für technische und gesell-
schaftlich relevante Herausforderungen bereitstellt. Vor allem für die Zukunfts-
technologien im Bereich Energie, Klima- und Umweltschutz, Mobilität
und Gesundheit ist sie wichtig. Aktuelle Studien (vgl. *Deutsche Akademie der
Technikwissenschaften acatech – Nr. 3: Materialwissenschaft und Werkstoff-
technik in Deutschland. Empfehlungen zu Profilierung, Lehre und Forschung*)
betonen den hohen Anteil aller technischen Innovationen, die direkt oder
indirekt von Werkstoffen und Materialien abhängen.

klassische
Werkstoffgruppen
und neue
Materialien

Der modernen Technik stehen unzählige Materialien und Werkstoffe zur Verfügung. Zu den klassischen Werkstoffgruppen gehören z.B. Metalle, Keramiken,
Gläser und Polymere. Neuere Werkstoffentwicklungen kommen aus den Bereichen der Verbundwerkstoffe, Werkstoffmischungen, Halbleiter, Naturstoffe
(Bionik) sowie den so genannten „Smart Materials", die sich selbstständig
äußeren Einflüssen anpassen können.

Die aus der Werkstoffkunde gewonnenen Erkenntnisse ermöglichen die Herstellung technischer Werkstoffe mit neuen oder verbesserten Eigenschaften.
Dies schließt den gesamten Lebenszyklus von Bauteilen bis zum Recycling
oder zur stofflichen Weiterverwertung ein. Auch die Entwicklung völlig neuer
Herstellungsverfahren zählt dazu. Maßgeschneiderte Funktionsmaterialien
und Konstruktionswerkstoffe revolutionieren den Leichtbau, senken den Energieverbrauch und reagieren intelligent auf veränderte Betriebsbedingungen.

Zur Sprache

differenzierte Lexik

Die Thematik Werkstoffe und Materialien erfordert eine sehr umfangreiche,
differenzierte Fachlexik. Als Lernhilfe für den großen Wortschatz sind viele
Übungen zur *Strukturierung* und *Wiederholung* eingebaut: Zuordnungs-
übungen von Bild und Begriff, von Begriff und Erklärung, von Begriff und Text-
abschnitt usw. Das Inventar von Redemitteln zum Definieren wird erweitert,
die Aufgaben zum Beschreiben, zum Abwägen von Vor- und Nachteilen und zum
Vergleichen dienen immer auch dazu, die *Fachlexik im Kontext* zu verwenden
und damit zu üben. Und noch einmal: es kommt nicht darauf an, alle Wörter
aktiv zu beherrschen, sondern darauf, grundsätzliche Fragen der Werkstoffkunde
zu verstehen und exemplarisch aufzeigen zu können.

<table>
<tr><td valign="top" width="28%" align="right">

Grammatik und Stilistik

</td><td valign="top">

Sprachstrukturell umfasst Kapitel 5 zwei Themenschwerpunkte:

1. die Wortbildungsregeln, die zur Beschreibung von Eigenschaften notwendig sind, also die Systematik der Adjektive (A5 bis A16) sowie die Formen von Partizip I und II (A35, A36)
2. die Nominalisierung durch Partizipialkonstruktionen und Attributsätze und – als Lernhilfe – die Umwandlung komplexer Attributsätze in passende Nebensätze (Relativ-, Finalsätze).

</td></tr>
</table>

Strategie: Auflösen von Partizipialkonstruktionen

Der Nominalstil enthält vielfältige Nominalisierungen und komplexe Partizipialkonstruktionen, meist Linksattribute (z. B. *ein exakt nach den Körpermaßen und unter Berücksichtigung der speziellen Wünsche des Kunden maßgeschneiderter Mantel*). Die sicherste Methode, um solche Ausdrücke richtig zu verstehen, besteht darin, sie in kleinere Abschnitte zu zerlegen (z. B. *ein Mantel, der exakt nach den Körpermaßen des Kunden maßgeschneidert wurde; dabei wurden die speziellen Wünschen des Kunden berücksichtigt). Die Lerner sollen die Strategie trainieren, komplexe Attributsätze* in Nebensätze *aufzulösen,* um dabei zu verstehen, was sich in der Aussage worauf bezieht. Denn die komplexen Satzkonstruktionen dienen ja der Verkürzung (im Beispiel: *„der Kunde"* wird nur einmal genannt); durch die Komprimierung sind sie zwar kürzer, aber oft schwerer zu verstehen. Am besten löst man sie daher in Relativsätze und/oder Finalsätze auf.

Fachsprachendidaktisch ist pragmatisches Vorgehen zu empfehlen: Es geht weniger um linguistische Analyse (wie in der Germanistik), sondern anwendungsbezogen um einen praktischen Umgang mit dem Sprachmaterial: *Wie können komplizierte Sätze so umgewandelt werden, dass man den Inhalt versteht? Die Strategie des Umwandelns ist nützlich und* transferierbar; deshalb sind eine ganze Reihe solcher Aufgaben (A19, A27, A29, A36) in die Lektion integriert.

Formulierung einer Überschrift

Im Zusammenhang mit Nominalstil und Nominalisierung kann man gut das Thema „Wie formuliert man eine Überschrift?" aufgreifen. Die Aufgabe „Geben Sie jedem Abschnitt eine Überschrift" ist ja zur Absicherung des Leseverstehens sehr gebräuchlich, weil man daran klar erkennt, ob jemand entscheidende Textaussagen verstanden hat, wenn auch Details noch fehlen. Außerdem bietet diese Aufforderung Gelegenheit für kreative Ideen und Diskussionen. Folgende sprachliche Mittel sind dazu hilfreich:

- Überschriften sollen kurz und prägnant sein
- Die Hauptaussage des Textes sollte deutlich werden
- Nomina, Nominalstil und Nominalisierungen eignen sich für Überschriften (z. B. *Methoden der Messung von Schadstoffen*)
- Verben und Verbalstil eignen sich weniger gut (schlechtes Beispiel: *Wir messen Schadstoffe so)*
- Manchmal passt eine Frage als Überschrift (z. B. *Wie misst man Schadstoffe?)*

5.1. Metalle

Aufgabe 1
geschlossen

Welches Bild gehört zu welchem ...

Bild 1 zu ___D___ , Bild 2 zu ___A___ , Bild 3 zu ___B___ , Bild 4 zu ___C___ .

5.1.1. Zeitalter der Metalle

Aufgabe 2
halb offen
Modelllösung

Schreiben Sie für jeden Abschnitt eine ...
A) Kupfer – früher und heute
B) Bronze – das schöne Metall
C) Ersatz durch Eisen
D) Vielfalt der Leichtmetalle

Gute Überschrift?

Bei A2 bietet sich eine Übung zu „Wie formuliert man eine Überschrift?" an (s.o. Grammatik und Stilistik). Am besten geht es, wenn die Lerner zunächst frei Überschriften erfinden, diese dann im Plenum gesammelt, diskutiert und mit den Regeln in Bezug gesetzt werden. Gerade der Aspekt, wie man mit Schlüsselworten aus dem Text einen Untertitel viel prägnanter formulieren kann als mit nur einem Wort, lässt sich hier gut zeigen. (z. B. *Vielfalt der Leichtmetalle – Leichtmetalle*).

Aufgabe 3
geschlossen

Unterstreichen Sie alle Adjektive ...
Der Text enthält über 30 Adjektive und 14 Partizipien, die alle zur Beschreibung der präsentierten Werkstoffe dienen; ihre Bedeutung für die Aussage des Textes ist offensichtlich. Eine grammatische Unterscheidung zwischen den Strukturen kommt später, zunächst dienen sie alle dazu, die *Eigenschaften* der Stoffe und der Verfahren ihrer Bearbeitung zu zeigen.
Sollten die Lerner nur die Adjektive unterstreichen und die Partizipien nicht oder die beiden grammatischen Formen nicht unterscheiden, ist das kein Problem, eine genauere Analyse erfolgt in A5; wichtig ist zunächst die Semantik und die Wahrnehmung von vielen verschiedenen Wörtern mit ähnlicher Funktion – der Funktion des genauen Beschreibens von Stoffen.

Adjektive: Metallisch, fest, verformbar, gut, groß -größer, hart - härter, korrosionsfest, verschleißfest, alt - älteste, bekannt, wichtig, elektrisch, ausgezeichnet, schön - schöner, goldglänzend, edel, geschickt, kostbar, dominant, teuer, häufig - häufiger, überlegen, rein, mechanisch, gering, schmiedbar, endgültig, chemisch, (hoch) - höher, umformbar.

Partizipien: Verringert, erleichtert, begehrt, verwendet, geeignet, ersetzt, entscheidend, gesenkt, gegossen, gestaltet, sogenannt, kombiniert, gezielt, verändert.

Aufgabe 4
geschlossen

Tragen Sie die Informationen zu …
Kleinere Varianten sind möglich.

zu A) und B)

Bestandteile von Bronze	Kupfer (Cu) und Zink (Zn)
Eigenschaften	hart, korrosions- und verschleißfest, schön, goldglänzend, edel
Schmelztemperatur von Kupfer	1084 Grad Celsius
Gegenstände aus Bronze	Werkzeuge, Waffen, Äxte, Zangen, Messer, Schwerter, Helme, Dolche, Schmuck, Vasen, Gefäße, Krüge

zu C)

Vorteile von Eisen …	häufig, daher nicht so teuer, größere Härte, Festigkeit und Verformbarkeit, niedrigere Schmelztemperatur, besser schmiedbar
Welches Verfahren …	das Zulegieren von Kohlenstoff
Verarbeitungsmöglichkeit…	Man kann Eisen mechanisch verarbeiten und schmieden

zu D)

Ergänzen Sie die Sätze:
(1) Metalle, (2) Leichtmetallen, (3) Schwermetallen, (4) Refraktärmetallen, (5) Schmelzpunkt höher als Platin (1772 Grad Celsius), (6) nur bei hohen Temperaturen umformbar, (7) Legieren

Aufgabe 5
geschlossen

Unterstreichen Sie beim 1. Lesen alle …
Es wird deutlich, dass sich manche Adjektive wiederholen und die vielen Partizip-II-Formen alle von Verben stammen, die Verfahren und Prozesse beschreiben. Der Unterschied zwischen Adverb und Adjektiv kann hier vernachlässigt werden. Doch bevor die Konzentration auf Wortbildung und Sprachstrukturen gelenkt wird, geht es um die inhaltliche Komponente, die Fachlexik im Kontext der Aussage „Stahl: Das maßgeschneiderte Metall". Auch die Verwendung zahlreicher Nominalisierungen von Adjektiven wird sichtbar (z. B. *Festigkeit*).

Adjektive: Undenkbar, exakt, weitere, fest, beständig, formstabil, spröde, flüssig, jährlich, weltweit, qualitativ, hochwertig, maßgeschneidert.

Partizipien: Gebraucht, definiert, genormt, umgewandelt, entfernt, geschmiedet, gebracht, oxidiert, hergestellt, eingesetzt, nachbehandelt, homogenisiert, dazugegeben, eingestellt.

5.1.2. Stahl: Das maßgeschneiderte Metall

Aufgabe 6   **Lesen Sie den Text über Stahl noch einmal und ...**
geschlossen

Bestandteile von Stahl	Eigenschaften von Stahl	Mögliche Zusätze ...
Eisen (Fe), Kohlenstoff (C) und weitere Elemente - z. B. Nickel (Ni), Chrom (Cr), Mangan (Mn), Titan (Ti) oder Molybdän	fest, korrosionsbeständig, verformbar, vielseitig, viele definierte Sorten	Chrom und Nickel, genauer Anteil an Kohlenstoff, Nichtmetalle

Der Kurztext zum Wort „maßgeschneidert" soll einfach gelesen und besprochen werden.

Aufgabe 7   **Tragen Sie passende Nomina zu den ...**
geschlossen   **Nomina:** -e Härte, Zähigkeit, Festigkeit, -e Dichte, Sprödigkeit, Schwingfestigkeit, Hochwertigkeit, Formstabilität, Schmiedbarkeit, Verformbarkeit, Verformungsfähigkeit, Flüssigkeit, Korrosionsbeständigkeit, Nachbehandlung

Aufgabe 8   **Erweiterte Partizipialattribute kann man in ...**
geschlossen   **a)   Markieren Sie in den folgenden Konstruktionen die ...**
    • das zu Roheisen umgewandelte Eisenerz
    • der durch Eisen ersetzte Werkstoff Bronze
    • der durch Legieren mit Zinn verringerte Schmelzpunkt von Bronze
usw.

    b)   Formen Sie diese erweiterten ...
    • das Eisenerz, das zu Roheisen umgewandelt wurde
    • der Werkstoff Bronze, der durch Eisen ersetzt wurde
    • der Schmelzpunkt von Bronze, der durch Legieren mit Zinn verringert wurde
    • die Produkteigenschaften, die exakt definiert wurden
    • die Stahlsorten, die genau definiert und genormt wurden
    • der Werkstoff, der in so vielen Anwendungen gebraucht wurde

- die Korrosionsbeständigkeit, die durch Nickel und Chrom erhöht wurde
- die Tonnen Rohstahl, die weltweit und milliardenfach hergestellt wurden
- der Stahlschrott, der anstelle von Eisenerz und Koks zur Herstellung von Rohstahl eingesetzt wurde
- die Legierungsbestandteile Chrom und Nickel, die dazu gegeben wurden
- die Mengen, die bis auf ein Tausendstel Prozent genau eingestellt wurden
- die Nachbehandlung von Rohstahl, die als „Sekundär-Metallurgie" bezeichnet wird
- die Stahlsorten, die durch „Sekundär-Metallurgie" entstanden sind

Zur Systematik der Adjektivbildung

Die Aufgaben A9 – A15 dienen alle dazu, die Systematik der Adjektivbildung verständlich zu machen. Aus Gründen der Pragmatik geschieht dies in „kleine Portionen", beginnt ganz leicht (A9, A10) und erfolgt in verschiedenen Übungsformen: Wiederholung von Nachsilben (A11, A12), Umformulierung von Sätzen (A13, A14) sowie Ableitungen (A 15). Zum Verständnis von Komposita helfen A16 und A17. *Wiederholung* und *Strukturierung* sind die Methoden, mit denen das allmähliche Lernen des großen Wortschatzes in diesem Kapitel erleichtert wird.

Aufgabe 9
geschlossen

Schreiben Sie das Gegenteil …
Spalte 1: klein, tief – niedrig, alt, weich, billig – preiswert, dunkel
Spalte 2: kurz, alt, langsam, glatt, hässlich

Aufgabe 10
geschlossen

Wiederholung: Was bedeuten folgende …

Aufgabe 11
geschlossen
Modelllösung

Schreiben Sie die Adjektive nach …
Bitte in ein Heft oder auf ein Poster an die Wand schreiben.

-isch	-lich	-ig	-bar	-los
metallisch	naturwissen-	kreisförmig	verformbar	wasserlos
(an)organisch	schaftlich	abhängig	abbaubar	mühelos
biologisch	ähnlich	augenfällig	denkbar	
chemisch	beweglich	beständig	haltbar	
elektrisch	gebräuchlich	billig	schmiedbar	
klassisch	handwerklich	endgültig		
magnetisch	jährlich	flüssig		
makroskopisch,	wissenschaftlich	häufig		
mikroskopisch	zusätzlich	hochwertig		

-isch	-lich	-ig	-bar	-los
optisch praktisch technisch thermisch typisch		jeweilig niedrig vielseitig wichtig		
-in	**-al**	**-ell**	**-iv**	**-ant**
kristallin	final	maschinell experimentell	relativ konstruktiv qualitativ	relevant interessant

Aufgabe 12
offen

Suchen Sie weitere Beispiele – sie müssen …

Je mehr Wörter gefunden werden, desto besser ist es. Manchmal entstehen komische Phantasiewörter (z. B. „hundelos" oder „goldarm"). Da sollte man erklären, dass sie zwar sprachstrukturell richtig kombiniert und auch verständlich sind, aber jeden Muttersprachler zum Lachen bringen, weil sie so ungewöhnlich klingen. Die Werbesprache arbeitet aber genau mit solchen Wortspielereien.

Aufgabe 13
geschlossen

Formulieren Sie die Sätze um, indem …

a) Aber jener Auftrag ist nicht machbar.
b) Der Werkstoff Gusseisen ist nicht schmiedbar.
c) Mit gutem Werkzeug lässt sich dieser Werkstoff mühelos bearbeiten.
d) Eisen ist besser verformbar als Bronze.
e) Ein guter Metallarbeiter wird niemals arbeitslos sein.

Aufgabe 14
geschlossen

Formulieren Sie die Sätze um, indem Sie …

a) Gute Messer werden aus rostfreiem Stahl hergestellt.
b) Wüsten und Steppen sind wasserarme Gegenden.
c) Österreich ist ein wasserreiches Land, deshalb …

Aufgabe 15
geschlossen –
mittlere Spalte

Welche Adjektive kann man aus diesen …

Adjektive: ölreich, handlungsfähig, arbeitslos, sauerstoffarm, stickstoffreich, schiffbar, fischreich, vielfältig, schlaflos, phantasielos, ideenreich, verwendbar, aufnahmefähig, verformbar, einsetzbar

offen –
rechte Spalte

Mit dieser Fragestellung kommt man von der morphologischen wieder auf die semantische Ebene zurück. Lassen Sie den Lernern Zeit, sinnvolle Sätze damit zu bilden. Die Tabelle mit Beispielen für zusammengesetzte Adjektive (S. 165) kann man zu ähnlichen Übungen ausbauen.

Aufgabe 16 geschlossen	**Was passt zusammen? Verbinden ...** 1d, 2c, 3f, 4a, 5a, 6e, 7i, 8b, 9h, 10g, 11c
Aufgabe 17 offen	**Erklären Sie die Bedeutung folgender ...** Die Lösung dieser Aufgabe dürfte nun kein Problem mehr sein.

5.2. Legierungen

Aufgabe 18
halb offen
Modelllösung

Beantworten Sie die Fragen zum ...

1. Eine Legierung ist ein Gemisch aus mindestens zwei Komponenten, von denen mindestens eines ein Metall ist.
2. Legierungen haben metallische Eigenschaften, sie sind glänzend und können Strom und Wärme leiten.
3. Legierungen werden hergestellt, indem man die schmelzflüssigen Komponenten mischt und danach das Gemisch abkühlt.
4. Es gibt Zwei- oder Mehrstoffsysteme, je nachdem, ob die Legierung zwei oder mehr Komponenten enthält.
5. Der erste Satz ist eine Definition.

Aufgabe 19
geschlossen

a) Markieren Sie im Modellsatz das Attribut ...

Attribut: Entsprechend der Anzahl der in der Legierung enthaltenen

b) Ergänzen Sie die Lücken.

(1) Legierung, (2) aus zwei, (3) besteht, (4) Mehrstoffsystem, (5) bezeichnet, (6) Komponenten

Aufgabe 20
geschlossen

Verbinden Sie die Namen der Legierungen mit ...

Erklärung zu Widia: seit 1933 eingetragener Markenname, abgeleitet von **Wie Dia**mant

1c, 2b, 3g, 4f, 5d, 6e, 7a, 8i, 9h

Aufgabe 21
geschlossen

Unterstreichen Sie im Text und in der ...

Wenn man in den Texten über Legierungen die dort verwendeten Präpositionen sucht, sieht man: Es sind tatsächlich immer dieselben (*von – mit, für – aus, aus*)! Beim Einsetzen der Präpositionen sollte man die Fragen am Ende beantworten.

(1) aus, (2) von, (3) für, (4) aus, (5) durch, (6) von, (7) durch, (8) In, (9) aus, (10) von, (11) aus, (12) mit

Aufgabe 22
offen
Modelllösung

Schreiben Sie 9 Sätze zu verschiedenen ...

vgl. Beispielsätze in der Übersicht „Redemittel für Definitionen"

Aufgabe 23
offen
Modelllösung

Informieren Sie sich über die ...

Messing

... ist eine Legierung, deren Hauptbestandteile die Metalle Kupfer und Zink sind. Die meisten Verbindungen enthalten einen Zinkanteil von fünf bis 45 Prozent. Die Farbe von Messing wird vom Zinkgehalt bestimmt: Bei Zinkgehalten bis 20 % ist Messing bräunlich bis bräunlich-rötlich, bei Gehalten über 36 % hellgelb bis fast weißgelb. Messing ist härter als reines Kupfer, jedoch nicht so hart wie Bronze. Messing ist amagnetisch, wird also durch magnetische Felder nicht beeinflusst und schlägt keine Funken. Daher wird es für spezielle Werkzeuge verwendet.

Kupfer und Zink vermischen sich in der Schmelze optimal und bleiben auch beim Erstarren gleichmäßig ineinander verteilt. Messing ist daher ein sehr homogenes Material.

Neben den Grundelementen Kupfer und Zink lassen sich zahlreiche weitere Elemente wie Aluminium, Eisen, Mangan, Nickel, Silizium und Zinn der Schmelze hinzufügen. So entstehen neue Messing-Legierungen mit vorteilhaften Eigenschaften.

5.3. Keramik und Glas

Aufgabe 24
halb offen
Modelllösung

Formulieren Sie eine Zwischenüberschrift zu ...

Von der Antike bis heute: Keramik und Glas

Keramik - kristallin, hart, fest und spröde

Glas - amorph und mineralisch

Glas - die eingefrorene Flüssigkeit

Glas - transparent und beständig

Aufgabe 25
halb offen
Modelllösung

Beantworten Sie die Fragen zum ...

1. Glas und Keramik sind beide hart und schmelzen erst bei hohen Temperaturen. Sie sind für sehr viele verschiedene Zwecke verwendbar.
2. Keramik ist ein kristallines, anorganisches Material. Keramik ist hart und druckfest, aber auch sehr spröde.

3. Die Basis der chemische Zusammensetzung von klassischer Keramik
   sind Silikate.
4. In der Hochtemperaturkeramik werden Aluminiumoxid und weitere Me-
   talloxide eingesetzt, aber auch Carbide und Nitride.
5. Mineralisches Glas besteht chemisch aus Siliziumdioxid und Natri-
   um-, Kalzium und Kaliumoxiden. Andere Oxide wie z. B. Boroxid oder
   Bleioxid werden dazu gegeben.
6. Glas ist durchsichtig, amorph und verhält sich bei Zimmertemperatur
   wie eine gefrorene Flüssigkeit. Es ist spröde und zerbricht leicht.
7. Glas ist besonders geeignet für Fenster, Linsen und Glasfasern in
   der Telekommunikation, aber auch für Verpackungen und Behälter.
8. Die Gefäße, die man in der Chemie benutzt, sind aus Glas, weil Glas
   undurchlässig für Gase und resistent gegen Wasser und Säuren ist.
9. Der Mantel der Zündkerze ist aus Keramik, weil Keramik hitzebestän-
   dig ist und isoliert.

Aufgabe 26
geschlossen

Schreiben Sie die Sätze fertig.

... eine niedrige chemische Resistenz

.., weil Glas gegen Wasser und Säuren resistent ist

.., weil es sehr beständig und undurchlässig ist

... Glas ist nicht kristallin, sondern amorph, d. h. die Atome sind
nicht regelmäßig-periodisch angeordnet

Aufgabe 27
geschlossen

Markieren Sie die _Präpositionen_ in den ...

weil / da

a) Infolge der regelmäßig-periodischen Anordnung seiner Atome ist Keramik
   kristallin.

   Keramik ist kristallin, weil seine Atome regelmäßig-periodisch

   angeordnet sind.

b) Aufgrund der hohen Viskosität (Zähflüssigkeit) der Schmelze wird die
   Umlagerung der Atome zu Kristallen behindert.

   Da die Schmelze sehr zähflüssig ist, wird die Umlagerung der Atome

   zu Kristallen behindert.

c) Durch seine hohe optische Transparenz ist mineralisches Glas für Anwendungen wie Linsen, Fensterscheiben und Glasfasern in der Telekommunikation prädestiniert.

Da Glas eine hohe optische Transparenz hat (d. h. sehr durchsichtig ist), ist es für Anwendungen wie Linsen, Fenster und Glasfasern prädestiniert.

d) Aufgrund seiner Resistenz gegenüber Wasser und Säuren wird Glas für die Endlagerung von toxischen und radioaktiven Abfällen benutzt.

Glas wird für die Endlagerung von toxischen und radioaktiven Abfällen benutzt, weil es wasser- und säureresistent ist.

um zu / damit

e) Zur Erhöhung der chemischen und Temperatur-Beständigkeit werden mineralischem Glas Boroxide beigemengt.

Mineralischem Glas werden Boroxide beigemengt, um die chemische und Temperatur-Beständigkeit zu erhöhen.

f) Für die Erreichung von hoher Lichtbrechung und hoher Dichte werden mineralischem Glas Bleioxide beigemengt.

Damit eine hohe Lichtbrechung und hohe Dichte erreicht werden, werden mineralischem Glas Bleioxide beigemengt.

g) Für die Herstellung unterschiedlichster Alltagsgegenstände ist Keramik seit Jahrtausenden ein viel verwendeter Werkstoff.

Keramik ist seit Jahrtausenden ein viel verwendeter Werkstoff, um die unterschiedlichsten Alltagsgegenstände herzustellen.

h) Man benützt Keramik sowohl zur traditionellen Herstellung von Geschirr, Porzellan, Wasch- und Toilettenbecken als auch für hochmoderne Hitzeschilder von Raumfähren oder Glasfaserkabeln.

Man benützt Keramik, um sowohl traditionelle Dinge (Geschirr, Porzellan, Wasch- und Toilettenbecken) als auch hochmoderne Hitzeschilder von Raumfähren oder Glasfaserkabel herzustellen.

5.4. Kunststoffe- und Polymertypen

Aufgabe 28
halb offen
Modelllösung

Tragen Sie die Informationen in ...

Kunststoff	
Bestandteile	Kohlenstoff und Wasserstoff
Aufbau	lange Molekülketten, mit sehr vielen sich wiederholenden Monomereinheiten
Werkstoff-eigenschaften	Kunststoff ist haltbar, kostengünstig und es gibt sehr viele verschiedene Sorten - die Eigenschaften eines bestimmten Kunststoffs sind von seinem Aufbau, der Art und Verknüpfung der Monomere abhängig.
Herstellung	Die Monomere werden zu Makromolekülen polymerisiert. Dabei können durch Zugabe anderer Stoffe die Eigenschaften verbessert werden.

Aufgabe 29
halb offen
Modelllösung

Formulieren Sie grammatisch korrekte Sätze ...

a. Dadurch, dass man verschiedene Additive zugibt, kann man die Licht- oder Temperaturbeständigkeit verbessern.
b. Indem man mit Zinn legiert, wird der Schmelzpunkt von Bronze verringert.
c. Die Schmelztemperatur von Eisen lässt sich dadurch senken, dass man Kohlenstoff zulegiert.
d. Stahl wird hergestellt, indem man seinen Hauptbestandteil Eisen mit bis zu 4 Prozent Kohlenstoff sowie weiteren Elementen legiert.
e. Eine leckere Creme entsteht dadurch, dass man die Sahne gleichmäßig rührt und mit Zucker, Ei und Zitrone mischt.

Polymertypen

Aufgabe 30
geschlossen

Schauen Sie auf die Tabelle unten und ...

  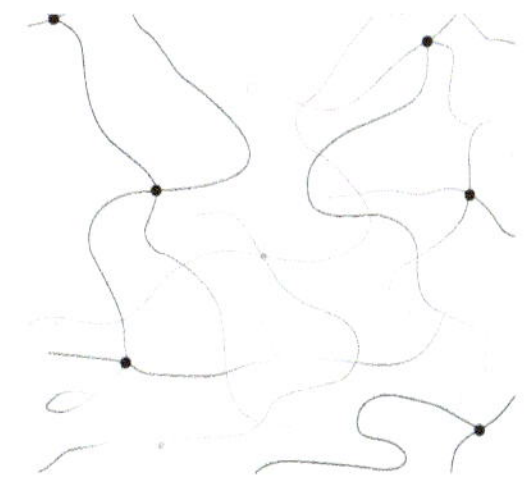

| Thermoplaste | Duromere | Elastomere |

<table>
<tr><td>Aufgabe 31
geschlossen</td><td>

Welche Gegenstände werden aus welchem ...

1. Thermoplaste

Getränkeflaschen, Tragetaschen, Abwasserrohre (plastisch verformbar)

2. Duromere

Bremsbeläge, Campinggeschirr, Steckdosen (Hitzebeständigkeit)

3. Elastomere

Dichtungen, Haushaltsgummis, Autoreifen (gummielastisch)

Je nach Anwendung können Dichtungen auch aus Thermoplasten bestehen.

</td></tr>
</table>

<table>
<tr><td>Aufgabe 32
offen
Rätselraten</td><td>

Rätselraten:

Beschreiben Sie ein *Produkt aus Kunststoff* ...

Falls die Lerner das Spiel „Rätselraten" noch nie gemacht haben, kann man die Regeln an einem einfachen Alltagsbeispiel („Beschreiben Sie ein Fahrzeug, ein Kleidungsstück, ein Werkzeug ... ") klären. Da die Kriterien der Beschreibung vorgegeben sind, ist die Aufgabe methodisch leicht.

</td></tr>
</table>

5.5. Smart Materials: Die Ära der denkenden Dinge beginnt

<table>
<tr><td>Aufgabe 33
offen</td><td>

Unterstreichen Sie im Text „Smart Materials" ...

Die Auswahl von 25 wichtigen Fachwörtern und vor allem die Begründungen dafür bilden zwangsläufig den Einstieg in eine inhaltliche Diskussion: Was können Smart Materials? Welche Perspektiven eröffnen sich durch ihre Entwicklung? Das Thema ist ausgesprochen innovativ und spannend; welche Ideen und Materialien sich durchsetzen werden, weiß heute noch niemand. Der Text am Anfang enthält allgemeine, eher abstrakte Aussagen über Smart Materials, der Text später demonstriert einige markante Beispiele. Beide Aspekte sollten herausgearbeitet werden.

</td></tr>
</table>

<table>
<tr><td>Aufgabe 34
offen</td><td>

Erstellen Sie ein Poster zum Thema ...

Die Gruppenarbeit, ein Poster über Smart Materials zu erstellen, ist eine Fortsetzung der Diskussion. Vermutlich entstehen in verschiedenen Gruppen sehr unterschiedliche Poster. Dadurch, dass jede Gruppe ihr Poster präsentiert und erklärt, werden die vielfältigen Aspekte zum Thema Smart Materials augenfällig.

</td></tr>
</table>

<table>
<tr><td>Grammatik -
Partizipialsätze</td><td>

An dieser Stelle kommt ein grammatischer Einschub: die Partizipialsätze. Dabei werden – pragmatisch reduziert – die Formen wiederholt und die Funktion gezeigt: Wenn ein Prozess gerade stattfindet, verwendet man Partizip I, wenn er bereits stattgefunden hat, gebraucht man Partizip II.

</td></tr>
</table>

Aufgabe 35
geschlossen

Ergänzen Sie die Tabelle ...

Infinitiv: denken, herstellen, entstehen, schmelzen, verändern, isolieren, schwingen

Partizip I: funktionierend, herstellend, entstehend, speichernd, fließend, schmelzend, formend, enthaltend, isolierend, oxidierend

Partizip II: gedacht, funktioniert, gespeichert, geflossen, geformt, verändert, enthalten, geschwunden, oxidiert

Aufgabe 36
halb offen
Modelllösung

Bilden Sie Sätze mit dem ...

a. Durch eine gezielt veränderte Struktur wird das Material verbessert.

b. Sich verändernde Temperaturbedingungen strapazieren das Material.

c. Die als Solarzellen funktionierenden Lacke erzeugen Strom.

d. Eine erleichterte Verarbeitung spart Kosten.

e. Werkstoffe bilden den überwiegenden Anteil an Innovationen.

f. Eine den Spritverbrauch reduzierende Methode spart Geld.

g. Das durch einen Stent vergrößerte Blutgefäß funktioniert wieder.

h. Der das Blutgefäß vergrößernde Stent rettet Leben.

i. In der Medizintechnik zum Einsatz kommende Werkstoffe werden getestet.

j. Neue, durch Fusion verschiedener Ausgangsmaterialien entstehende Hybridwerkstoffe sind teuer.

Aufgabe 37
offen - Typ:
Technische
Gespräche

Recherche und Präsentation

Recherchieren Sie im Internet über ...

Für die Recherche über Smart Materials werden keine Internetadressen, aber die Bereiche vorgegeben, damit eine zwar eigenständige, doch gezielte Auswahl eines intelligenten Werkstoffs erfolgt. Die Redemittel sind geeignet, die Präsentation systematisch zu gliedern. Damit nähert sich die Aufgabenstellung den Anforderungen für die Textproduktion bei TestDaf-Prüfungen an, wo ähnliche Strukturierungen vorgegeben werden. Die Aufgabe ist für eine mündliche Präsentation konzipiert; wenn es jedoch sinnvoll erscheint, könnte man auch eine schriftliche Form erwägen.

Zu Kapitel 6: Mathematik 2 und Physik

Zum Inhalt

Schwerpunkte
Das Kapitel Mathematik 2 - Vertiefung / Erweiterung setzt sich aus drei Teilen zusammen:
6.1. Wortschatz und Grammatik in der Mathematik
6.2. Textaufgaben
6.3. Funktionen in der Mathematik und Technik
Die Teile 6.1. und 6.2. beziehen sich nicht auf spezielle mathematische Themen, sondern behandeln Strukturen, die überall in technischen Fachtexten auftreten können, nicht nur in der Mathematik. Dagegen behandelt 6.3. ein konkretes Gebiet, das für Verbalisierungen in der Mathematik und Technik eine zentrale Rolle spielt: Wie kommuniziert man über Funktionen?

Textaufgaben
Das Thema Textaufgaben (6.2.) in deutscher Sprache ist für nicht-deutsche Lerner besonders schwierig; erfahrene Mathematiklehrer sagen jedoch, dass das auch für muttersprachliche Lerner ein Problem ist. In jedem Fall sind die Klagen von Lehrenden, dass ihre Lerner zwar rechnen und mathematisch denken können, aber die Textaufgaben aus *sprachlichen Gründen* nicht verstehen und von daher auch nicht lösen können, zahlreich und seit langem bekannt. Dabei ist das *detaillierte Textverständnis* genuiner Bestandteil der Aufgabe und die Voraussetzung dafür, dass man sie lösen kann. Die sprachlichen Anforderungen, die Strukturierung der Schritte und die *Regeln*, nach welchen Textaufgaben lösbar sind, demonstriert und geübt (A11 – 13).

LV und Verben
Der Teil 6.1. zielt auf die Entwicklung des *Leseverständnisses* von Texten mit mathematischer Ausdrucksweise (Tests, Vorlesungsscripte, Fachbücher etc.). Wer mit Mathematiktexten bzw. mit Fachtexten mit hohem mathematischen Anteil zu tun hat, findet dort einen hochredundanten Bestand an *Verben* für spezifische Aufforderungen, Verfahren und Aufgabenstellungen.

Grammatik
Zur korrekten Rezeption benötigt man auch einige spezielle grammatische Kenntnisse. Oft haben dabei unterschiedliche *syntaktische Formen* dieselbe Bedeutung. Die *Strategie*, Sätze mit derselben Bedeutung, aber verschiedener grammatischer Form ineinander umzuwandeln, hilft nachhaltig (A 6-8). Grammatisch geht es um Prozesse der Nominalisierung, um Passiv und Passiversatz, um Verbal- und Nominalstil, aber auch um einige formelhafte Wendungen wie z. B. „Gegeben sei …".

6.1.1. Wortschatz und Grammatik in der Mathematik

Verben von A bis Z

Aufgabe 1 **Legen Sie sich eine Kartei mit den unten stehenden Verben …**

offen A18 ist eine offene Aufgabe, da es sich hier um einen methodischen Vorschlag

Vorschlag zum Wortschatz-Lernen handelt, nämlich das Anlegen einer Wörterkartei.

Wörterkartei Eine elektronische Variante dafür finden Sie unter: www.voodle.de Für autonomes Weiterlernen ist die Methode sehr praktisch.

Welche Verben passen zu welchen W-Fragen?

Aufgabe 2 **Lesen Sie die Beispielsätze und schreiben Sie zehn ähnliche Sätze …**

offen

Was kann man mit einer Gleichung machen?

Aufgabe 3 **a) Lösen Sie die Aufgaben in Spalte 2; 4. und 5. Zeile.**

geschlossen

verbaler Ausdruck	Beispiel
Werte in die Gleichung einsetzen	Setzen Sie für x, y Werte von 1 bis 5 ein. x = 4
die Gleichung grafisch darstellen	Tragen Sie x und y in ein Koordinatensystem ein und stellen Sie die Gleichung grafisch dar. 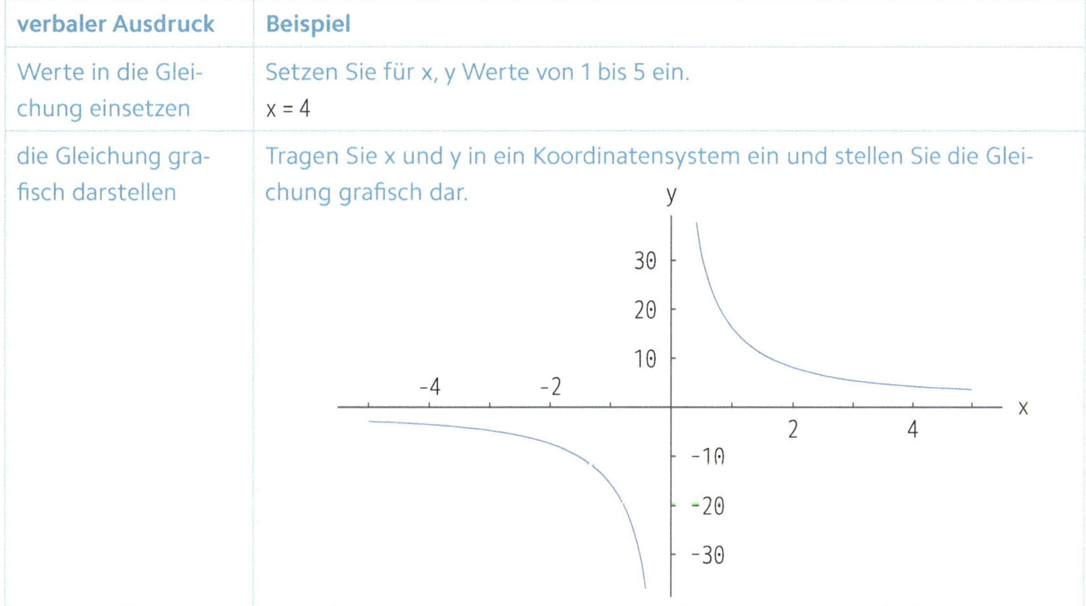

Achtung! Die Aufgabenstellung in Zeile 4 ist nicht korrekt, denn hier ist die Lösung x = 4! Ändern Sie bitte die Aufgabenstellung so um: Prüfen Sie, welche Zahlen von 1 bis 5 man in die Gleichung einsetzen kann.

geschlossen | **b) Schreiben Sie kurze Imperativsätze mit den verbalen Ausdrücken …**

Stelle eine Gleichung auf! Stellen Sie…!
Löse die Gleichung nach x auf! Lösen Sie … nach x auf!
Forme die Gleichung um! Formen Sie die Gleichung um!
Setze die Werte in die Gleichung ein! Setzen Sie …!
Stelle die Gleichung grafisch dar! Stellen Sie …!

Verben der Aufforderung

Aufgabe 4 — **Schlagen Sie die unbekannten Verben im Wörterbuch nach.**
offen — Die Bedeutung dieser 9 Verben soll durch Übersetzung gesichert werden.
Bitte kontrollieren!

Aufgabe 5 — **Ergänzen Sie die fehlenden syntaktischen Varianten**
geschlossen — **(siehe Tabelle rechts)**

Verschiedene syntaktische Formen – gleiche Bedeutung

Aufgabe 6 — **Ergänzen Sie die Tabelle, indem Sie Sätze umformen:**
geschlossen — Um eine Parabel darzustellen, benötigt man ihre Funktionsgleichung.
Diese Gleichung lässt sich durch Anwendung der binomischen Formel lösen.
Brüche werden durch Multiplikation von Zähler mit Zähler und Nenner mit
Nenner multipliziert.
Einen Bruch kann man dividieren, indem man den Kehrwert einsetzt.

Aufgabe 7 — **Ergänzen Sie die Tabelle, indem Sie Sätze umformen:**
geschlossen — **Zeile 2:** Die Längen dieser 2 Dreiecksseiten können nach Pythagoras
berechnet werden. Die Längen dieser 2 Dreiecksseiten kann man nach
Pythagoras berechnen.
Zeile 3: Indem man die Werte aus der Tabelle einsetzt, kann y ermittelt werden. Indem man die Werte aus der Tabelle einsetzt, lässt sich
y ermitteln.
Zeile 4: Die Lösungsmenge lässt sich durch diese Abbildung zeigen. Man
kann die Lösungsmenge durch diese Abbildung zeigen.

Aufgabe 8 — **Ergänzen Sie die Tabelle, indem Sie Sätze umformen:**
geschlossen — **Zeile 2:** Bevor weiter gerechnet wird, muss der 1. Teil der Aufgabe
gelöst werden. Bevor man weiter rechnet, muss man den 1. Teil der
Aufgabe lösen.
Zeile 3: Der Definitionsbereich ist einzuschränken. Man muss den Definitionsbereich einschränken.
Zeile 4: Diese Funktion soll durch ein Pfeildiagramm dargestellt werden. Diese Fuktion ist durch ein Pfeildiagramm darzustellen.

Infinitiv	Imperativ	Passiversatz mit ist zu + Infinitiv	Passiv + Modalverb	Nominalisierung
berechnen	berechnen Sie!	… ist zu berechnen	soll berechnet werden	durch Berechnung
zeichnen	zeichnen Sie!	… ist zu zeichnen	soll gezeichnet werden	durch Zeichnung
ermitteln	ermitteln Sie!	… ist zu ermitteln	soll ermittelt werden	durch Ermittlung
darstellen	stellen Sie dar!	… ist darzustellen	soll dargestellt werden	durch Darstellung
bilden	bilden Sie!	… ist zu bilden	soll gebildet werden	durch Bildung
abbilden	bilden Sie ab!	… ist abzubilden	soll abgebildet werden	durch Abbildung, auch: durch das Abbilden
suchen	suchen Sie!	… ist zu suchen	soll gesucht werden	durch Suchen
zeigen	zeigen Sie!	… ist zu zeigen	soll gezeigt werden	durch Zeigen
ersetzen	ersetzen Sie!	… ist zu ersetzen	soll ersetzt werden	durch Ersetzen
angeben	geben Sie an!	… ist anzugeben	soll angegeben werden	durch Angabe
beweisen	beweisen Sie!	… ist zu beweisen	soll bewiesen werden	durch den Beweis

Aufgabe 9
geschlossen

Verändern Sie die gegebenen Größen nach den Angaben des Satzes …

Satz / Angabe	Zeichnung / Symbol 1	Zeichnung / Symbol 2
Verkürzen Sie die Strecke b um 2 cm.	b	
Die Strecke a ist um 1,5 cm zu verlängern.	a	
Dieser Bruch muss gekürzt werden.	$\dfrac{22}{66}$	$\dfrac{1}{3}$
Das Rechteck $a \cdot b$ soll um den Faktor 2 vergrößert …	a b	
Der angegebene Zahlenwert ist um 25 % …	100	75
Nach dem …	$a + b =$	$b + a$
Das Quadrat der …	$(x + y)^2$	$(x + y) \cdot (x + y)$

Aufgabe 10
offen

Erfinden Sie ähnliche einfache Aufgaben, die Ihr Lernpartner …
In dieser Transferübung zeigt sich, wie geeignet die bisher gelernten sprachlichen Mittel zum Stellen von Aufgaben sind. Dabei ist die Verbalisierung viel komplizierter als die Rechnung! Als Quiz wird die Übung sehr unterhaltsam.

6.1.2. Textaufgaben

Bei Textaufgaben geht es darum, in der vorgegebenen Verbalisierung die mathematische Fragestellung zu verstehen, einen logischen Rechenweg zu entwickeln und die passenden Gleichungen aufzustellen. Obwohl die Rezeption des Textes schwierig sein kann, ist es für die Lerner interessant, eine authentische Aufgabe, die meist leicht zu rechnen ist, zu lösen – ein Erfolgserlebnis.

Beispiel zum Lesen

Aufgabe 11
geschlossen

Notieren Sie: Welche Verben bzw. Wendungen mit Verben …
(1) eine Frage stellen
(2) formulieren
(3) einen Term umformen

Regeln für Textaufgaben?

Aufgabe 12
geschlossen

Füllen Sie die Lücken in der mittleren Spalte aus und schreiben Sie ...

Textaufgabe: Zwei Schwestern sind 21 und 29 Jahre alt. Vor wieviel Jahren war die ältere Schwester dreimal so alt wie die jüngere?

Schritte	Angaben in Worten	mit mathematischen Symbolen
1. Nach welcher Größe wird gefragt?	Aus der Fragestellung folgt: Es wird nach __Jahren__ gefragt.	$(29 - x)$ Jahre
2. Wofür steht also x?	Der Zeitpunkt sei __vor__ x Jahren gewesen.	
3. Welche Bestimmungsgleichungen passen zu den Vorgaben?	Das Alter der älteren __Schwester__ betrug vor x Jahren: __$29 - x$__ Das Alter der __jüngeren__ Schwester war: Das 3fache __$21 - x$__ der jüngeren Schwester entsprach zu diesem Zeitpunkt __Zeitpunkt__ dem Alter der __älteren__ Schwester. Als Gleichung erhalten wir: __Durch__ Termumformung finden wir __das__ Ergebnis:	$(21 - x)$ Jahre $3 - 3x = 29 - x$ $-2x = -34$ $x = 17$
4. Wo wird die Einheit angegeben, wo nicht?	Am Anfang wird die gesuchte Einheit angegeben, beim Ausrechnen der Gleichungen nicht mehr.	
5. Wie heißt der Satz mit dem Ergebnis?	Vor 17 Jahren war die ältere Schwester 3 mal so alt wie die jüngere.	

Weitere Textaufgaben

Lösen Sie folgenden Textaufgaben nach demselben Schema …

Zu 1: Die Gesamtanzahl der Stimmen beträgt 45. In der Sitzung haben 30 für den Antrag und 15 dagegen gestimmt.

Zu 2:

1. Schritt: Nach welcher Größe wird gefragt? Nach den Rechteckseiten a (kürzere Seite) und b (längere Seite); die Längeneinheit sind cm. Die Seiten im Quadrat sind gleich, wir setzen dafür l. Es gibt nicht eine gesuchte Variable x, sondern zunächst 3 unbekannte Größen, nämlich a, b und l.

2.Schritt: Folgende Bestimmungsgleichungen können aufgestellt werden:

Für die Flächen des Quadrats und des Rechtecks:

$(a \times b) + 22 = l^2$

Für die Längen der Seiten:

$a + 3 = b - 2 = l$

$a - b = -2 - 3$

$a - b = -5$

$-b = -5 - a$

$b = 5 + a$

3. Schritt: Wenn man dieses Ergebnis in die 1. Gleichung einsetzt, so ergibt sich:

$a \times (a + 5) + 22 = (a + 3)^2$

$a^2 + 5a + 22 = a^2 + 6a + 9$

$5a - 6a = +9 - 22$

$-a = -13$

a = 13

4. Schritt: Setzt man dieses Ergebnis in die 2. Gleichung ein, ergibt sich:

$b = a + 5$

$b = 13 + 5$

b = 18

Ergebnis:

Im Rechteck ist die Seite a=13 und die Seite b=18 cm.

Probe:

$(a \times b) = 13 \times 18 = 234$

$(a \times b) + 22 = l^2$

$234 + 22 = l^2$ $\qquad\qquad$ $234 + 22 = 256$

$256 = l^2$

$\sqrt{256} = \sqrt{l^2}$

16 = l

Die Seitenlänge des Quadrats beträgt 16 cm.

6.1.3. Funktionen in der Mathematik und Technik

Was versteht man unter einer Funktion?

Aufgabe 14
geschlossen

Was wäre beim Thermometer-Beispiel die abhängige und ...
1b, 2a

Aufgabe 15
geschlossen

a) Prüfen Sie, ob alle Beispiele für Abhängigkeiten richtig sind!
Die Beispiele sind richtig

offen

b) Suchen und diskutieren Sie weitere Beispiele.

Wie kommuniziert man über Funktionen?

Funktionen – ein
häufiges Thema

Interessanterweise gibt es beim Thema Funktionen relativ viele Varianten, wie man darüber spricht; dies ist ein Hinweis darauf, wie häufig in den Ingenieurwissenschaften über Funktionen kommuniziert wird. Die wichtigsten Strukturen sind im Text aufgeführt. Es lohnt sich, diese sehr sorgfältig zu lesen und auf die Sprechweise – auch mit den Pausen (vgl. Achtung) – zu achten. In A16 folgt direkt die aktive Anwendung.

Aufgabe 16
halb offen
Modelllösung

Lesen Sie die folgenden Funktionen laut vor und ...
- Gegeben ist die Funktion f: (Pause) f von (x) gleich
- Gegeben ist die Funktion g durch die Gleichung:
- Gegeben ist die Funktion h: Pfeil
- Gegeben ist die Funktion f durch die Gleichung:
- Gegeben ist die Funktion f von x durch die Zuordnung: f von x gleich
- Gegeben ist die Funktion f: x Pfeil

Je intensiver die Partner die verschiedenen Varianten zur Aufgabenstellung üben, desto leichter fällt die nächste Aufgabe.

Aufgabe 17
offen

Diktat von Funktionen
Fortführung von A16, Automatisierung

Welche Terminologie ist üblich?

Aufgabe 18
geschlossen

Schreiben Sie passende Synonyme in die 2. Spalte.
x: beliebiges Element: unabhängige Variable, Veränderliche, Argument
y: abhängige Variable, abhängige Größe

Aufgabe 19
geschlossen

a) Schreiben Sie die Begriffe „Definitionsmenge D" und …

b) Kreisen Sie zusammen gehörende Zahlenpaare ein.

x	-2	-1	0	1	2	Wertemenge W
$f(x)$	1,0	1,5	2,0	2,5	3,0	Definitionsmenge D

offen

c) Formulieren Sie Sätze mit den Wörtern „Funktionswert" und „treffen".

Welche sprachlichen Mittel sind noch sehr nützlich?

Aufgabe 20
halb offen
Modelllösung

Bilden Sie aus den folgenden Wörtern *zweigliedrige* Komposita.
Zuordnungsvorschrift, Zuordnungspfeil, Wertetabelle, Tabellenwert, Funktionswert, Zahlenwert, Wertemenge, Wertebereich, Definitionstabelle, Funktionswert, Funktionsgleichung, Funktionsvorschrift, Mengenfunktion, Funktionsbereich, Zahlenwert, Zahlenpaar, Zahlenmenge, Zahlenbereich, Zahlentabelle, Zahlenvorschrift, Definitionsmenge, Definitionswert, Definitionsgleichung, Definitionsbereich, Gleichungsvorschrift, Mengengleichung, Vorschriftstabelle, Zahlenpaar, Mengengleichung, Mengenbereich, Bereichsvorschrift

Aufgabe 21
geschlossen

Setzen Sie die richtigen Präpositionen in die Lücken ein.
(1) auf, (2) in, (3) auf, (4) auf, (5) zu, (6) von, (7) von, (8) auf, (9) für, (10) durch, (11) an, (12) an, (13) von, (14) nach

Aufgabe 22
offen

Setzen Sie *alle* Verben, die in dieser Lektion verwendet werden, ins …

Aufgabe 23
halb offen
Modelllösung

Schreiben Sie die Sätze in Kurzform in Spalte 1 zu …
Man untersuche, ob die folgenden Zahlen alle durch 7 teilbar sind: 21, 28, 35, 37, 42, 47, 49, 53. = Man soll untersuchen, ob ⋯
Man zeige, dass die Menge M2 eine Teilmenge von M1 ist. = Man soll zeigen, dass ⋯
Man überlege, ob die 0 zu den natürlichen Zahlen gehört oder nicht. = Man soll überlegen, ob ⋯
Man beweise, dass die Winkelsumme im Dreieck 180 Grad beträgt. = Man soll beweisen, dass ⋯v

Aufgabe 24 halb offen Modelllösung	**Schreiben Sie mehrere Varianten für die folgenden Sätze:**

Zu 1:

- Wenn y ein Funktionswert ist, dann sagt man auch: y wird von der Funktion getroffen.
- Ist y ein Funktionswert, dann sagt man auch: y wird von der Funktion getroffen.

Zu 2:

- Wendet man die Funktionsgleichung $f(x) = x^2$ auf die Zahl 3 an, dann ist der Funktionswert 9 das richtige Resultat.
- Wendet man die Funktionsgleichung $f(x) = x^2$ auf die Zahl 3 an, so ist der Funktionswert 9 das richtige Resultat.

Zu 3:

- Wenn man eine Seite eines Rechtecks verlängert und die andere Seite verkürzt, dann kann ein Quadrat entstehen.
- Verlängert man eine Seite eines Rechtecks und verkürzt man die andere Seite, kann ein Quadrat entstehen.

Zu 4:

Betragen in einem Dreieck die Winkel α und β zusammen 120 °,
(so) ist γ = 60 °.
Wenn in einem Dreieck die Winkel α und β zusammen 120 ° betragen,
so ist γ = 60 °.

Zu 5:

Erhitzt man Kupfer (Cu) auf 1084,4 ° Celsius, dann schmilzt es.
Wenn man Kupfer (Cu) auf 1084,4 ° Celsius erhitzt, (so) schmilzt es.

Zu 6:

Haben zwei Geraden keinen Punkt gemeinsam, (so) sind sie parallel.
Wenn zwei Geraden keinen Punkt gemeinsam haben, dann sind sie parallel

Aufgabe 25 offen Typ: Technische Gespräche	**Bereiten Sie kleine Präsentationen vor, in denen …** Lösung des Lückentextes zu „Nullstelle" (Thema 3)

(1) Zahl, (2) zugeordnet, (3) Funktion, (4) Gleichung / Funktion,
(5) x-Achse, (6) schneidet

6.2. Physik

Inhalt | Das Teilkapitel 6.2. Physik behandelt zwei Themenbereiche: Der erste Teil bietet eine Zusammenstellung von physikalischem Basiswissen wie Größen, Einheiten, die Grundbegriffe von Kraft, Arbeit, Leistung, Beschleunigung, Geschwindigkeit etc., im zweiten Teil geht es um die Thermodynamik. Zusätzlich zu den theoretischen Texten werden beide Themen an je einem anschaulichen Beispiel aus der Praxis konkretisiert: Warum kann ein Flugzeug fliegen? Wie funktioniert ein Kühlschrank?

Fachwissen und DaF | Es soll noch einmal auf die Grundfunktion von fachsprachlich orientiertem DaF-Unterricht hingewiesen werden: Der Fachsprachenunterricht nach dem Prinzip der Fachlichkeit fokussiert zwar auf genuin fachliche Themen, ersetzt aber keinen Fachunterricht – hier also den Physikunterricht. Ein Physikkapitel im Deutschlehrbuch allein genügt nicht zum Erwerb studienrelevanter Fachkenntnisse in Physik; vielmehr sind *fachliche physikalische Vorkenntnisse* erforderlich. Gerade bei so komplexen und abstrakten Themen wie der Thermodynamik wird dies deutlich, doch auch die Grundbegriffe lassen sich nicht nur durch Lernen der Fachlexik erwerben.

Was der fachsprachlich orientierte DaF-Unterricht hier jedoch leisten kann ist die Entwicklung der Fähigkeit, über im Prinzip bekannte physikalische Themen verständlich und sprachlich korrekt in der Fremdsprache Deutsch zu kommunizieren. Dazu gehört ein ausgewählter Fachwortschatz, das rezeptive und produktive Wissen über bestimmte sprachstrukturelle Mittel (z. B. Nominalstil und Verbalstil), der Transfer auf Berechnungen und die kritische, aber sachlich und sprachlich richtige Wiedergabe von Fakten, Zahlen und Daten.

Zum Sprachniveau | Der erste Teil ist sprachlich leichter und bereits ab A2 einsetzbar, der zweite Teil entspricht eher dem Niveaus B1. Vor allem ist das Gebiet der Thermodynamik relativ abstrakt und erfordert daher auch eine komplexere und oft abstrahierende Sprachform.

6.2.1. Größen in der Physik

Aufgabe 26
halb offen
Modelllösung

Lesen Sie die zwei Beispiele und suchen Sie noch weitere. Überlegen Sie: Was fehlt noch, um eine physikalische Größe korrekt anzugeben?

Die Zeit gibt an, wieviele (Minuten, Stunden, Tage, Jahre ...) ein Prozess dauert.

Hier stellt sich sofort die Frage nach der passenden **Einheit**.

Aufgabe 27 Partnerarbeit offen	**Notieren Sie mindestens 7 Beispiele für Werte von Größen mit unterschiedlichen Einheiten und lesen Sie diese Ihrem Lernpartner vor. Vergleichen Sie die Einheiten – haben Sie dieselben Einheiten verwendet** An dieser Stelle entstehen sofort viele Diskussionen, die zwischen den Partnern, aber auch im Plenum geführt werden sollen. Wichtig ist: Hier muss man die **Aussprache** der Begriffe für Einheiten und Größen üben.
Aufgabe 28 geschlossen	**Ordnen Sie die angegebenen Zeichen den richtigen Größen in der Tabelle 1 zu:** Länge, Masse, Zeit, Elektrische Stromstärke, Temperatur, Stoffmenge, Lichtstärke
Aufgabe 29 geschlossen	**Tragen Sie die folgenden Größen in die Tabelle 2 ein:** Zeit, Fläche, Kraft, Radioaktivität, Arbeit, Ladung, Volumen, Dichte, Druck, Leistung

Größe	Symbol der Größe	SI-Einheit	Weitere Ableitung und Namen
Winkel	α, β, γ	rad	a Grad $1° = 1\,\text{rad} \times \pi / 180$ (Winkel-)Sekunde (''), $1'' = 1' / 60$ (Winkel-)Minute ('), $1' = 1° / 60$
Fläche	A	m^2	Ar (a), $1a = 100\,m^2$ Hektar (ha) $1ha = 10.000\,m^2$
Volumen	V	m^3	Liter (L) $1L = 10^{-3}m^3$
Dichte	ρ	kg	$kg \times m^{-3}$
Kraft	F	Newton (W)	$kg \times m \times s^{-2}$
Arbeit	W	Joule (J)	$N \times m$
Leistung	P	Watt (W)	J / s
Druck	p	Pascal (Pa)	Bar (bar), 1 bar , 1 Torr $=10^5 Pa = 10^2 k\,Pa = 10^3 h\,Pa$
Zeit	t	s	Minute (min), 1 min $= 60s$
Ladung	q	Coulomb (C)	$A \times s$
Radioaktivität	A	Bq	Curie (Ci), 1 Ci $\times 3{,}7 \times 10^{10}Bq$

a) Lesen Sie die Ableitungen/Namen aus der 4. Spalte laut vor. Ihr Partner muss die entsprechenden Einheiten, Symbole u. Größen nennen.

Falls es Ausspracheschwierigkeiten gibt, sollten die Lerner die vor- oder nachbereitende Recherche-Aufgabe bekommen, Experten zu suchen und zu befragen. Dies kann persönlich oder virtuell geschen.

a) Wiederholen Sie die Definition für den „Wert einer physikalischen Größe" und geben Sie fünf Beispiele an.

Unter dem Wert einer Größe versteht man, wie stark eine bestimmte Eigenschaft bei einem konkreten Objekt ausgeprägt ist (den Ausprägungsgrad der zu messenden Eigenschaft). Z. B.: Dieser Patient hat jetzt 38° Fieber.

Beantworten Sie folgende Fragen:

1. Was muss bei vektoriellen Größen angegeben werden?
   die Richtung
2. Wie nennt man die Größen, die durch den Betrag (Zahlenwert) und die richtige Maßeinheit vollständig angegeben werden?
   Skalare Größen

3. Nennen Sie weitere Beispiele für skalare und vektorielle Größen und begründen Sie, warum es sich dabei um Skalare bzw. Vektoren handelt.

Wiederholung Aktiv / Passiv und Passiv-Ersatz:

a) Formulieren Sie die Sätze grammatisch um, ohne die Bedeutung zu ändern.

Die Zahl der Messung muss angegeben werden.
Man kann Vektoren in ihre x- und y-Komponenten zerlegen.
Vektoren können ... zerlegt werden.
Einfache Größen können durch Betrag und Einheit angeben werden.
Man kann ... angeben.

b) Schreiben Sie 5 ähnliche Sätze über physikalische Größen.

6.2.2. Kraft, Arbeit, Leistung

Die bewusste Unterscheidung von Alltags- und Fachbegriffen ist ein Thema, das immer wieder aufgegriffen, wiederholt und an Beispielen vertieft werden sollte. Damit verknüpft ist immer die Notwendigkeit des präzisen

Definierens; ein kommunikatives Verfahren, das nicht oft genug angewendet werden kann.

Aufgabe 33
geschlossen

Berechnen Sie: Wie viel PS sind 1 kW?

1 kW=__1,35962__PS________________________

Aufgabe 34
halb offen
Modelllösungen

Beantworten Sie die Fragen zum Text

1. Wie heißen die in den Wissenschaften verwendeten Begriffe und was ist ihre wichtigste Eigenschaft?

   Fachbegriffe; sie sind definiert

2. Erklären Sie den Unterschied zwischen den im Alltag und im naturwissenschaftlichen Kontext benützten Begriffen und geben Sie passende Beispiele dazu.

   Alltagsbegriffe haben etwas mit Erfahrung zu tun, aber man muss sie nicht definieren. Fachbegriffe muss man definieren, weil sonst nicht klar ist, was gemeint ist. Fachbegriffe sind oft „enger" als Alltagsbegriffe. (Beispiele beliebig)

3. Schreiben Sie die physikalische Formel für *Arbeit* auf und erklären Sie die einzelnen Größen.

   Die Formel für Arbeit in der Physik ist: $W = F \times s$
   W steht für Arbeit, F für die Kraft und s für den Weg.
   $\vec{F}$ und $\vec{s}$ sind Vektoren.

4. Was bedeutet *Kraft* in der Physik?

   Eine Kraft ist in der Physik die Wirkung (Wechselwirkung) von einem Körper auf einen anderen. Man kann die Kraft nicht sehen, nur ihr Resultat, also das, was sie bewirkt.

5. Erklären Sie das Kompositum *Energieänderungsrate* und suchen Sie ein passendes Beispiel.

   Energieänderungsrate (also Leistung) beschreibt die Schnelligkeit, mit der Energie umgesetzt wird. Wenn ein Mensch A doppelt so schnell wie sein Freund B die Treppe hoch läuft, ist seine Leistung doppelt so hoch: Er hat die gleiche Energie in der halben Zeit gebraucht.

Aufgabe 35
geschlossen

Welche Verben wurden hier nominalisiert? Ergänzen Sie die Wortschatz-tabelle und lernen Sie diese Wörter.

1. Wie heißen die in den Wissenschaften verwendeten Begriffe und was ist ihre wichtigste Eigenschaft?

nominalisierte Formen	Verben	nominalisierte Formen	Verben
Umwandlung	umwandeln	Veränderung	verändern
Richtung	richten (auf)	Bedeutung	bedeuten
Verformung	verformen	Wirkung	wirken
Bremsung	bremsen	Beschleunigung	beschleunigen
Bewegung	bewegen	Verwendung	verwenden
Beeinflussung	beeinflussen	Beobachtung	beobachten

Aufgabe 36
Transfer

Learning by doing in einer Transferphase ist immer motivierend und ermöglicht reale Anwendungsmomente für die Fachlexik. Wenn alle Berechnungen abgeschlossen sind, bietet sich eine Kognitivierung an, welche physikalischen Begriffe nun richtig benannt und welche Verben mit ihnen kombiniert wurden.

halb offen

Wir machen ein kleines Experiment:

a) Fragen Sie Ihren Nachbarn, wie viel er / sie wiegt (die Masse in kg) und errechnen Sie somit seine / ihre Gewichtskraft.

Modelllösung

a) Für die Parameter 65 kg Gewicht, 0,75 m Tischhöhe:

b) Jetzt messen Sie, wie hoch Ihr Tisch ist und errechnen Sie, welche Arbeit Ihr Partner verrichten muss, wenn er auf den Tisch steigt.

b) 637,65 x 0,75 (Tischhöhe) = 478,24 J

c) Stoppen Sie die Zeit, wie lange Ihr Partner zum Hochsteigen braucht, und errechnen Sie seine Leistung.

c) 478,24 x 2 = 956,48 W

<table>
<tr><td>Modelllösung</td><td>

d) Tauschen Sie dann die Rollen und wiederholen Sie die Berechnung mit Ihren Daten.

</td></tr>
</table>

Aufgabe 37

Welche der folgenden Größen sind Zustandsgrößen, welche Prozessgrößen? Ordnen Sie zu.

1. Wie heißen die in den Wissenschaften verwendeten Begriffe und was ist ihre wichtigste Eigenschaft?

Zustandsgrößen	Prozessgrößen
Energie, Temperatur, Druck, Impuls, Fläche, Volumen	Wärme, Arbeit, Kraft, Zeit, Leistung, Ladung

Geschwindigkeit und Beschleunigung

Aufgabe 38
geschlossen

a) Tragen Sie die richtige Kurzdefinition, die Größe und die Einheit ein.

Symbol	Kurzdefinition	Größen	Einheit
$\vec{a}$	zeitliche Änderung der Geschwindigkeit	$\vec{v}$; t	$(1\frac{m}{s^2})$
$\vec{v}$	zeitliche Änderung des Ortes	$\vec{s}$; t	$1\frac{m}{s}$; $1\frac{km}{h}$;

b) Wofür stehen folgende Symbole?

$\Delta\vec{v}$ **Geschwindigkeitsänderung / Änderung der Geschwindigkeit**

Δt **Zeitintervall / vergangene Zeit / zeitlicher Unterschied zwischen 2 gemessenen Werten**

$\Delta\vec{s}$ **Wegänderung / Änderung des Weges**

Aufgabe 39
offen

a) Suchen Sie die Bedeutung folgender Wörter im Wörterbuch:

reiben, schieben, ziehen, sich (gegenseitig) anziehen, drücken, fliehen, hemmen; träge

 b) Füllen Sie die Wortschatztabelle aus

Kompositum	Grundwort	Bestimmungs-wort	verwandtes Verb	ähnliche Wörter	andere Komposita
Fliehkraft	Kraft	Flieh-	fliehen	Flucht Geflüchtete	Fluchtpunkt
Druckkraft	Kraft	Druck	drücken	Drucker, mit Druck	auf Knopfdruck
Schubkraft	Kraft	Schub	schieben	auf Schub, Schublade	Schubfach
Reibungskraft	Kraft	Reibung	reiben	geriebener Käse	Reibeisen
Zugkraft	Kraft	Zug	ziehen	Zugtier	Luftzug
Anziehungskraft	Kraft	Anziehung	etw. anziehen, sich anziehen	Anzug	Erdanziehung

Aufgabe 40

Welche Kräfte passen zu welchem Beispiel? Ergänzen Sie.

Beim Fahren mit dem Fahrrad (…). Solche bewegungshemmenden Kräfte sind
Reibungskräfte.
Waggons einer Eisenbahn (..). Dabei wirken auf die Waggons
Zugkräfte
Beim Start einer Rakete werden (…) wirkt dann eine
Schubkraft.

a) Finden Sie geeignete Beispiele für *Fliehkraft* und *Anziehungskraft* und *zeichnen* Sie Beispiele.

6.2.3. Warum kann ein Flugzeug fliegen?

Aufgabe 41
geschlossen

a) Welche vier Kräfte wirken auf ein Flugzeug ein? Ordnen Sie die richtigen Begriffe den Kurzdefinitionen zu.

Kraft	Funktion
Luftwiderstand	Diese Kraft bremst das Flugzeug.
Gewicht	Diese Kraft zieht das Flugzeug nach unten.
Auftrieb	Diese Kraft wirkt nach oben.
Antrieb	Diese Kraft drückt das Flugzeug vorwärts

Spezifische Verben

Im Zusammenhang mit den verschiedenen Kräften werden in der physikalischen Fachsprache spezifische Verben verwendet. In den vorliegenden Texten kommen folgende Verben vor:
Abhängen von, überwinden, fahren, (weg)drücken, erhöhen, gering halten, lenken, strömen, stehen, stellen, wirken, (ein)wirken auf, ziehen, sich bewegen, sich aufheben, beschleunigen, bremsen, ändern, fliegen, neigen, (vom Boden) abheben, landen, übersteigen, überwinden, strömen.
In den diversen Aufgaben (A 13, A 16, A 17 u. a.) werden nahezu alle diese Verben geübt. Übrig bleiben die Verben fahren, fliegen, landen, stehen, stellen und sich bewegen, die als bekannt vorausgesetzt werden dürfen.

Aufgabe 42

Unterstreichen Sie im Text „Warum kann ein Flugzeug fliegen?" alle Verben und ergänzen Sie dann die Lücken:

Lückentext
geschlossen

(1) wirken (2) ein (3) zieht (4) unten (5) wirkt (6) oben (7) drückt (8) vorwärts, (9) bremst (10) heben (11) sich (12) auf (13) beschleunigen (14) abheben (15) gewinnt (16) nimmt (17) zu (18) bremst (19) ab (20) geneigter (21) wirkt

Aufgabe 43
geschlossen

Finden Sie im folgenden Text 5 Fehler und korrigieren Sie.
Zur Beschleunigung muss der Antrieb kleiner (größer) als der Luftwiderstand sein. Ist der Auftrieb größer (kleiner) als das Gewicht, kann das Flugzeug nicht starten. Bei nach unten (oben) geneigter Flugbahn wirkt das Gewicht als Bremskraft, während es bei nach oben (unten) geneigter Flugbahn als Antrieb wirkt. Bei konstanter Geschwindigkeit ändert das Flugzeug seine Richtung (nicht), es fliegt dann geradeaus, aber auch nach oben oder unten geneigt.

In der folgenden Lexikübung (A 19) soll der Basiswortschatz gefestigt und
vor allem erweitert werden. Das Sammeln von Wörtern – sowohl aus Texten
als auch aus dem Vorwissen der Lernenden – und das semantische Zuord-
nen zu Oberbegriffen ist eine altbewährte Methode, da sie dem Funktionie-
ren des Gehirns entspricht.

Aufgabe 44
halb offen

**Lesen Sie den Flugzeugtext noch einmal und sammeln Sie Wörter, die zu
den Oberbegriffen passen:**

a) Wörter im Kontext von *Start, Landung* und *Flughöhe*

    starten, vom Boden abheben, landen, beim Landeanflug, an Höhe gewin-
    nen, eine Höhe erreichen, an Höhe verlieren, bei gleicher / verän-
    derter Flughöhe

b) Wörter zur Beschreibung von *Geschwindigkeit* und deren *Änderung*

    zunehmen, abnehmen, (ab)bremsen, beschleunigen

c) Wörter zur Beschreibung von Richtungen und deren Änderung

    aufwärts, abwärts, oben, unten, nach oben / nach unten geneigte
    (Flug-)Bahn, geradlinige Bahn, geradeaus, horizontal, vertikal,
    schräg, hinunterfahren, hochfahren

Wie kommt der Auftrieb zustande?
Wie kommt der Antrieb zustande?
Was beeinflusst den Luftwiderstand?

Aufgabe 45
halb offen

**Formulieren Sie je 2 Fragen zu den Abschnitten über Auftrieb, Antrieb
und Luftwiderstand, die man mit dem Text beantworten kann. Stellen Sie
diese Fragen Ihrem Lernpartner und kontrollieren Sie, ob die Antworten
korrekt sind.**

Modelllösungen

starten, vom Boden abheben, landen, beim Landeanflug, an Höhe gewinnen,
eine Höhe erreichen, an Höhe verlieren, bei gleicher / veränderter
Flughöhe

Aufgabe 46
offen

Schreiben Sie 10 Sätze mit den Verben:
abhängen von, erhöhen, gering halten, zunehmen, ändern, übersteigen,
überwinden, wirken auf, strömen, lenken.

<table>
<tr><td>Aufgabe 47
geschlossen</td><td colspan="2">Schreiben Sie passende Wörter aus dem Wortfeld „strömen" zu den Worterklärungen und Zeichnungen. Achtung: mehrere Wörter haben nicht nur eine Bedeutung!</td></tr>
</table>

Wörter	Bedeutung
Strom	großer Fluss
Strom	fließende elektrische Ladung Elektrizität
strömen	fließen
strömen	Gas oder Flüssigkeit bewegt sich
Strömung	Bewegung, mit der das Wasser des Meeres oder eines Flusses fließt
Anströmrichtung	Fluide*, die sich in eine bestimmte Richtung bewegen
Strömungslehre	Strömungsmechanik, Fluidmechanik
anströmen	
umströmen	
stromaufwärts, stromabwärts	
Strömungsmaschine	Dampfturbine

* Fluid: gemeinsame Bezeichnung für Gase und Flüssigkeiten

<table>
<tr><td>Aufgabe 48
geschlossen
halb offen</td><td>a) Welche Frage passt zu welcher Antwort? Verbinden Sie.
1b, 2e, 3d, 4c, 5a
b) Wiederholen Sie noch einmal die Definition des Auftriebs.
Vgl. Modellsatz – kann auch in 2 oder 3 kürzeren Sätzen formuliert werden.</td></tr>
</table>

Aufgabe 49
geschlossen

Unterstreichen Sie die (Partizipial-)Attribute und formen Sie diese Ergänzungen dann in Relativsätze um:

a) der Anteil der auf <u>einen Körper wirkenden</u> Kraft   *(Partizip I)*

der Anteil der Kraft, der auf einen Körper wirkt

b) ein <u>von Luft umströmter</u> Körper   *(Partizip II)*

zunehmen, abnehmen, (ab)bremsen, beschleunigen

c) die auf <u>das Flugzeug einwirkenden</u> Kräfte   *(Partizip I)*

die Kräfte, die auf das Flugzeug einwirken

d) die <u>am Flügel entlang strömende</u> Luft   *(Partizip I)*

die Luft, am Flügel entlang strömt

e) die Triebwerke erfahren von diesen Gasen eine <u>nach vorne gerichtete</u> Antriebskraft *(Partizip II)*

eine Antriebskraft, die nach vorne gerichtet ist

Aufgabe 50
Technische
Gespräche
Verbalisierung
von Daten

Die Verbalisierung von präzisen Daten ist eine zentrale Komponente des fachsprachlich orientierten DaF-Unterrichts und für technikinteressierte Sprachlerner immer motivierend. Denn schon mit relativ einfachen sprachlichen Mitteln kann man inhaltlich und sprachlich korrekte Aussagen machen, aber man kann ebenso elaborierte Sprachformen anwenden.

Vergleichen

Der Vergleich der beiden Flugzeuge auf der Basis der vorgegebenen Daten bietet gute Möglichkeiten zur sprachlichen Differenzierung in Abhängigkeit vom Sprachstand der Teilnehmer und den syntaktischen Strukturen, die besonders geübt / wiederholt / trainiert werden sollen. Zum *Vergleichen* ist die Struktur der *Komparation* erforderlich; doch kann man bereits mit *kurzen Aussagesätzen* sprachlich richtige Lösungen formulieren. Gegensätze und Unterschiede lassen sich sowohl mit einfachen Hauptsätzen als auch mit *komplexen Nebensatzkonstruktionen* ausdrücken. Ein Training komplexerer Ausdrucksformen (z. B. Einsatz der Konjunktion *während* für Gegensätze) lässt sich an dieser Stelle leicht realisieren.

Modelllösungen

Die Boing 747 ist 70,60 m lang, aber der Airbus A 380 ist 72,3 m lang.
Die Boing 747 ist kürzer als der Airbus A 380.
Der Airbus A 380 ist um ca. 2 m länger als die Boing 747.
Während die Boing 747 nur 70,60 m lang ist, hat der Airbus A 380 eine Länge von 72,3m.
Im Gegensatz zur Boing 747 mit einer Länge von 70,60 m beträgt die Länge des Airbus A 380 sogar 72,3 m.

6.2.4. Thermodynamik

Aufgabe 51
halb offen
Modelllösungen

Beantworten Sie die Fragen:

a) Warum ist die Thermodynamik zur Lösung der Ingenieuraufgaben der Zukunft so wichtig?

Viele Schlüsseltechnologien der Zukunft können nur auf der Basis der Thermodynamik entwickelt werden, denn sie ist die wissenschaftliche Grundlage zur Erklärung von den Zusammenhängen von Klima, Energie, Ressourcen und Umwelt. Thermodynamik ist ein Grundlagenfach, das man braucht, um die richtigen Strategien zu finden, mit denen man große Probleme der Zukunft lösen kann (z. B. klimaneutrale Energiekonzepte, Wasserversorgung, Ernährung und Gesundheit einer wachsenden Weltbevölkerung, rationelle Nutzung von begrenzten Ressourcen)

b) Erklären Sie, weshalb alle Ingenieursstudenten sich mit Thermodynamik beschäftigen müssen.

Thermodynamik führt in das systemanalytische Denken ein. Jeder Ingenieur muss abstrahieren können, d. h. er muss das vereinfachte System einer Maschine oder einer Anlage verstehen und nicht nur alle Details sehen. Er muss Modelle entwickeln, die alles Wichtige enthalten und berechenbar sind.

offen

c) Nennen Sie Beispiele aus Ihrem Studium / Ihrer Fachrichtung, in denen thermodynamische Grundlagen angewandt werden

Erster Hauptsatz der Wärmelehre

Aufgabe 52
Geschlossen –
kleine sprachliche
Varianten möglich

Beantworten Sie die Fragen zum Text:

1. Was bezeichnet man als Innere Energie U?

   ein bestimmter Energieinhalt eines physikalischen Systems

2. Nennen Sie ein Beispiel.

   ein bestimmtes Gas unter bestimmten Druck- und Temperaturbedingungen

3. Warum ist die Innere Energie U eine Zustandsfunktion?

   weil sie vom jeweiligen Zustand des betrachteten Systems abhängt

4. Wofür steht das Formelzeichen Q?

   für die Wärmemenge

5. Wofür steht das Formelzeichen W?

   für die Arbeit

6. Das Zeichen Δ bedeutet Änderung. Was bedeutet dann das Formelzeichen $+\Delta W$?

   zugeführte Arbeit

7. Und was würde $-\Delta W$ bedeuten?

   dass Wärme abgeführt wird

8. Was bedeutet Energieerhaltung?

   dass die innere Energie $\underline{U}$ konstant bleibt.

9. Kann die Innere Energie eines Gases ohne Wärmezufuhr erhöht werden?

   Ja, wenn man durch äußere Arbeit Energie zuführt.

10. Was geschieht, wenn ein Gas expandiert?

   Es wird sich abkühlen.

Aufgabe 53
geschlossen

Ergänzen Sie die Tabelle nach dem Beispiel.

als Nominalphrase	als Verbalphrase
bei Energiezufuhr	wenn Energie zugeführt wird
bei Energieabfuhr	wenn Energie abgeführt wird
bei Isolierung	wenn man isoliert
bei Einbeziehung von Wärme	wenn Wärme einbezogen wird
bei Abkühlung	wenn man abkühlt
bei Expansion	wenn es expandiert

Übersicht zu den Zustandsänderungen der Materie

Aufgabe 54

Ergänzen Sie die Tabelle.

Phasenübergang	Prozess	Fixpunkt
Flüssig → fest	Erstarren	Erstarrungspunkt (Gefrierpunkt)
fest → flüssig	Schmelzen	Schmelzpunkt
fest → gasförmig	Sublimieren	--
gasförmig → fest	Resublimieren	--
flüssig → gasförmig	Verdampfen	Siedepunkt
gasförmig → flüssig	Kondensieren	Kondensationspunkt

Nach Bannwarth et al. 2013:82

Aufgabe 55
geschlossen

Schreiben Sie korrekte Definitionen zu den Begriffen nach dem Beispiel:
Begriff: Siedepunkt
Definition: Der Siedepunkt ist die Temperatur, bei der eine Flüssigkeit verdampft.

Begriff	Definition
der Kondensationspunkt	Der Kondensationspunkt ist die Temperatur, bei der ein Gas flüssig wird.
der Schmelzpunkt	Der Schmelzpunkt ist die Temperatur, bei der ein fester Stoff flüssig wird.
der Erstarrungspunkt	Der Erstarrungspunkt ist die Temperatur, bei der eine Flüssigkeit fest wird.
die Verdampfung	Die Verdampfung ist der Prozess, in dem eine Flüssigkeit gasförmig wird.
die Kondensation	die Kondensation ist der Prozess, bei dem ein Gas flüssig wird.
das Schmelzen	Das Schmelzen ist der Prozess, bei dem ein fester Stoff flüssig wird.
das Sublimieren	Das Sublimieren nennt man den Prozess, in dem ein fester Stoff gasförmig wird.
das Resublimieren	das Resublimieren ist der Prozess, bei dem ein Gas fest wird.

Hintergrundinfo   Während Techniker mit Phasendiagrammen viel anfangen und sie spontan kommentieren können, weil diese ihnen sofort etwas „sagen", ist es für Philologen oft schwierig, zu solchen Abbildungen Aussagen zu machen. Deshalb sind an dieser Stelle wichtige Hintergrundinformationen für die Lehrenden zusammengestellt. Die Abbildung 6 zeigt das Phasendiagramm des Wassers. Die Aggregatzustände von Wasser (flüssiges Wasser, Eis, Wasserdampf) sind abhängig von Temperatur und Druck.

Linie 2 zeigt, bei welcher Temperatur Wasser zu Eis gefriert (fest wird) bzw. schmilzt (flüssig wird), und zwar in Abhängigkeit vom Luftdruck. Diese Linie nennt man daher auch **Schmelzkurve**. Unter Normaldruck (1013 hPa) gefriert das Wasser bei 273 Kelvin (0 °C).Bei steigendem Druck sinkt der Gefrierpunkt, das Wasser bleibt länger im flüssigen Aggregatzustand.

Linie 3 beschreibt, wann das flüssiges Wasser in den gasförmigen Zustand (Wasserdampf) übergeht, daher nennt man diese Linie **Dampfdruckkurve**. Je höher der Druck, desto später erfolgt der Übergang vom flüssigen in den gasförmigen Zustand (Wasserdampf). Diesen Prozess nennt man „sieden". Bei Normaldruck auf Meereshöhe (1013 hPa) siedet Wasser bei 100 °C – doch je tiefer der Außendruck ist, desto niedriger ist auch die Siedetemperatur. Wir kennen dieses Phänomen aus dem Alltag: In den Bergen gilt die Faustregel: Pro 300 Meter Höhe sinkt der Siedepunkt um ein Grad. Auf tausend Meter Höhe macht das bereits mehr als drei Grad aus, auf zweitausend Meter Höhe fast sieben Grad. Das Wasser siedet dann schon bei 93 °C und nicht erst bei 100°C. Wir nutzen den Effekt auch in der Küche und zwar beim Schnellkochtopf. Das ist ein spezieller Topf, bei dem durch Erhöhung des Druckes erreicht wird, dass Wasser erst bei einer Temperatur von über 100 °C siedet. Der maximale Druck, mit dem ein solcher Topf arbeitet, liegt bei etwa 1800 hPa, also beim 1,8 fachen des normalen Luftdrucks. Die Siedetemperatur des Wassers liegt dann bei 117 °C. Durch diese höhere Temperatur werden Speisen schneller gar. Damit wird nicht nur Zeit, sondern auch Energie gespart.

Linie 1 nennt man **Sublimationskurve**; sie beschreibt die Druck- und Temperaturverhältnisse, unter denen Eis direkt in den gasförmigen Zustand (Wasserdampf) übergeht. Dieses Effekt, der bei tiefem Druck und niedrigen Temperaturen vorkommt, nennt man Sublimation (Eis – Gas) bzw. Resublimation / Kondensation (Gas – Eis).

Ein Beispiel aus dem Alltag: Schneeflocken entstehen durch direkte Kondensation des gasförmigen Wasserdampfes in feste Eiskristalle.

Im **Tripelpunkt** koexistieren feste, flüssige und gasförmige Phasen. Im Tripelpunkt kommen Wasserdampf, flüssiges Wasser und Eis gleichzeitig vor, und die Mengenverhältnisse der drei Phasen ändern sich nicht. Ständig verdampfen etwas Eis (Sublimation) und Wasser (Verdunstung) zu Wasserdampf, ebenso schmilzt etwas Eis zu Wasser. Gleichzeitig finden die drei gegenläufigen Prozesse im selben Umfang statt: Wasser gefriert, Wasserdampf kondensiert zu Wasser und friert direkt als Eis aus.

Der **kritische Punkt** ist der thermodynamische Zustand eines Stoffes, der sich durch Angleichen der Dichten von flüssiger und gasförmiger Phase kennzeichnet. An diesem Punkt existiert kein Unterschied mehr zwischen den Aggregatszuständen flüssig und gasförmig.

Vorentlastung

Durch die korrekte Beantwortung der beiden Fragen (Aufgabe 56) vor dem Betrachten und Besprechen der Abbildung 6 werden die Bezeichnungen für die verwendeten Größen bzw. die Abkürzungen für die Einheiten (Druck in Hektopascal / Temperatur in Kelvin) *vorweggenommen*. Dies ist eine wichtige Vorentlastung, um über das Diagramm korrekt sprechen zu können.

Aufgabe 56
Geschlossen –
kleine sprachliche
Varianten möglich

Bevor Sie die Abbildung 6 „Phasendiagramm des Wassers" betrachten, beantworten Sie folgende Fragen:

1. Wieviel Grad sind 0 Grad Celsius auf der Kelvin-Skala?

   273 K (Kelvin)

2. Wie hoch ist der Luftdruck auf der Erde bei ca 100 m über dem Meeresspiegel?

   Ungefähr 1000 hPa (Hektopascal)

<table>
<tr><td>Aufgabe 57
halb offen / offen</td><td>a) Beschreiben Sie das Diagramm: Erläutern Sie die Phasenübergänge zwischen den Aggregatszuständen von Wasser in Abhängigkeit von Druck und Temperatur.
b) Äußern Sie Vermutungen – was könnten „Tripelpunkt" und „kritischer Punkt C" bedeuten?</td></tr>
</table>

Fachkommunikative Kompetenz

Die Abbildung bietet gerade solchen Lernern, die sprachlich weniger geübt sind, aber mit „Technikeraugen" sehen, die Möglichkeit zu fachlichen Äußerungen, denn sie sehen automatisch andere Dinge als ein Sprachlehrer. Wenn an dieser Stelle die Lerner den Lehrenden etwas über den Zusammenhang von Druck und Temperatur erklären können, dann ist das ein Beispiel für gelungene fachkommunikative Kompetenz.

Mögliche Antworten

```
Je niedriger der Druck, desto schneller entsteht Wasserdampf.
Bei sehr niedrigem Druck kann schon bei A Wasserdampf entstehen.
(Weitere Antwortvarianten s. Hintergrundinfo)
```

<table>
<tr><td>Aufgabe 58
geschlossen</td><td>Schreiben Sie diese Wörter an die richtige Stelle:
-r Verdampfer, -r Kompressor, -r Kondensor, -s Reduzierventil/-e Drossel</td></tr>
</table>

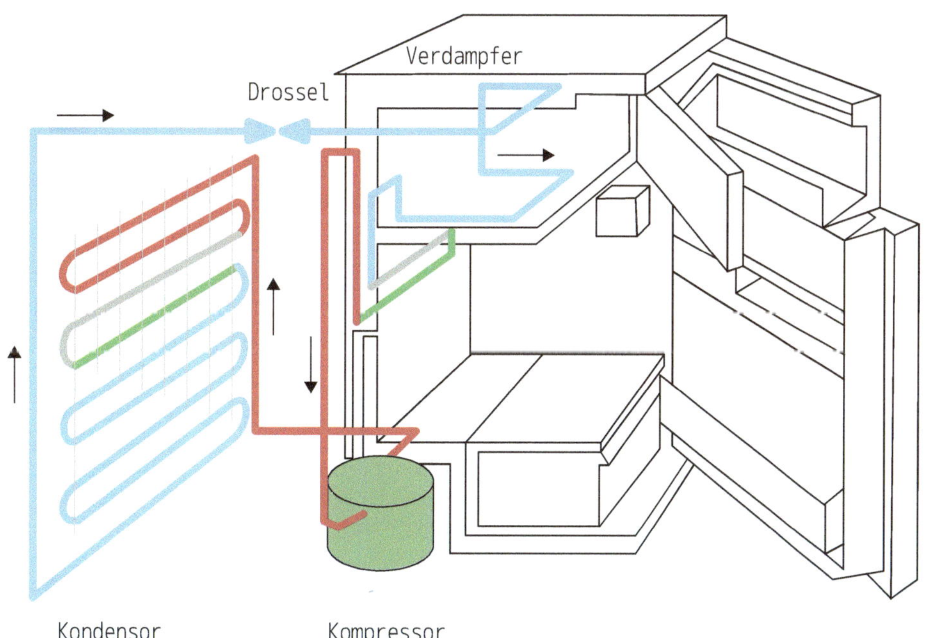

<table>
<tr><td>Aufgabe 59
geschlossen</td><td>Verbinden Sie die Verben in Spalte 1 mit den Synonymen</td></tr>
</table>

ansteigen	→	sich erhöhen
absinken	→	sich vermindern
beginnen	→	anfangen
entziehen	→	wegnehmen, herausnehmen
verdampfen	→	gasförmig werden
verdichten	→	kompakter werden
absaugen	→	etw. durch Saugen entfernen
reduzieren	→	eine Zahl oder Menge kleiner machen, verringern
nummerieren	→	mit Nummern versehen
komprimieren	→	zusammendrücken, verdichten
drosseln	→	etwas (z. B. die Leistung einer Maschine o. ä.) reduzieren

Aufgabe 60
geschlossen

Beantworten Sie die Fragen:

a) Bringen Sie diese Stichpunkte in die richtige Reihenfolge, indem Sie sie korrekt nummerieren:

1. Einleitung des flüssigen Kühlmittels bei 1 bar in das Rohrsystem im Kühlschrank
2. Verdampfung des Kühlmittels
3. Entzug der Energie aus den Lebensmitteln
4. Absaugen des gasförmigen Kühlmittels durch den Kompressor
5. Kompression des flüssigen Kühlmittels durch Druckerhöhung auf 8 bar
6. Ansteigen / Anstieg des Siedepunkts des Kühlmittels auf Zimmertemperatur
7. Abgabe von Energie an die das Rohrsystem umgebende Zimmerluft
8. Verflüssigung des Kühlmittels
9. Strömen des Kühlmittels durch ein Reduzierventil
10. Reduktion des Drucks auf 1 bar
11. Absinken des Siedepunkts auf -30 Grad Celsius
12. Neubeginn des Kreislaufs

halb offen

b) Schreiben Sie nun zu jedem Stichpunkt einen Satz im Aktiv oder Passiv.

1. Das bei 1 bar flüssige Kühlmittel im Kühlschrank wird in das Rohrsystem eingeleitet.
2. Im Kühlschrank verdampft das Kühlmittel.
3. Die Energie wird aus den Lebensmitteln entzogen.
4. Das gasförmige Kühlmittel wird durch den Kompressor abgesaugt.
5. Das flüssige Kühlmittel wird durch Druckerhöhung auf 8 bar komprimiert.
6. Der Siedepunkt des Kühlmittels steigt auf Zimmertemperatur.
7. Energie wird an die das Rohrsystem umgebende Zimmerluft abgegeben.
8. Das Kühlmittel verflüssigt sich.
9. Das Kühlmittel strömt durch ein Reduzierventil.
10. Der Druck wird auf 1 bar reduziert.
11. Der Siedepunkt sinkt auf -30°C ab.
12. Der Kreislauf beginnt von Neuem.

Aufgabe 61

geschlossen

a) Ersetzen Sie den verbalen Ausdruck durch …

Wenn Normaldruck herrscht, besitzt das flüssige Kühlmittel einen Siedepunkt von -30° C.

Bei Normaldruck besitzt ...

Wenn der Druck ca 1 bar beträgt, gelangt …

Bei ca 1 bar Druck gelangt das Kühlmittel in flüssiger Form in den Kühlschrank.

Wenn die Temperatur höher ist als 30° C, dann …

Bei einer Temperatur höher als -30°C verdampft das Kühlmittel im Verdampfer.

Wenn der Druck von 1 bar auf 8 bar steigt, …

Bei Druckanstieg von 1 bar auf 8 bar steigt die Siede- bzw. Kondensationstemperatur des Kühlmittels auf Zimmertemperatur.

Wenn der Druck absinkt, …

Bei Absinken / Absenkung des Drucks steigt der Siedepunkt wieder auf -30°C

Wenn man das flüssige Kühlmittel durch ein Reduzierventil leitet, …

Bei Leitung des flüssigen Kühlmittels durch ein Reduzierventil reduziert sich der Druck auf ca 1 bar.

offen

b) Suchen Sie weitere Beispiele, in denen mit der Präposition bei physikalische Bedingungen angegeben werden.

z.B.: Bei hoher Luftfeuchtigkeit ...,

bei gleicher Geschwindigkeit ...,

bei doppelter Leistung ...

Aufgabe 62 **Ersetzen Sie … und ergänzen Sie die angefangenen Sätze.**
Indem der Druck des flüssigen Kühlmittels auf ca 8 bar erhöht wird, steigt …

… die Siede- bzw. Kondensationstemperatur des Kühlmittels auf Zimmertemperatur.
Durch Erhöhung des Drucks im flüssigen Kühlmittel auf ca 8 bar …
Indem man den Lebensmitteln im Kühlschrank Wärmeenergie entzieht
Durch Entzug von Wärmeenergie aus den Lebensmitteln …
Indem das gasförmige Kühlmittel durch den Kompressor abgesaugt wird …
Durch das Absaugen des gasförmigen Kühlmittels durch den Kompressor...

Aufgabe 63 **Ersetzen Sie die Präposition und beenden Sie die Sätze:**
Durch das Verdampfen …

Mit Hilfe des Verdampfens …
Durch den Vorgang des Absaugens …
Durch den Absaugevorgang …
Durch das Absaugen …
Mit Hilfe des Absaugens …
Durch das Rohrsystem im Kühlschrank werden die Phasenzustände des Kühlmittels gezielt verändert.
Mit Hilfe des Rohrsystems im Kühlschrank …
Durch ein Reduzierventil (Drossel) wird der Druck vermindert.
Mit Hilfe eines Reduzierventils(Drossel)wird der Druck vermindert.

Aufgabe 64 **Schreiben Sie mit Hilfe der geordneten Stichpunkte von Aufgabe 35 einen**
offen **Text, in dem Sie die Funktionsweise eines Kühlschranks erklären.**

Entropie **Zweiter Hauptsatz der Wärmelehre**
Der zweite Hauptsatz der Wärmelehre und vor allem der Begriff der Entropie sind ein sehr schwieriges fachliches Gebiet, so dass man das nicht mit einem kleinen Text darstellen kann. Wir haben ein anschauliches Beispiel („Tasse kaputt" – „Tasse intakt") zitiert, das als Einstieg in eine Fachdiskussion gut geeignet ist. An dieser Stelle sollte man unbedingt an das Vorwissen der Lerner appellieren – möglicherweise können sie spannende Positionen und Informationen beitragen. Denn gerade der Begriff der Entropie führt zu Fragen im Grenzgebiet von Physik und Philosophie. Wenn von den Teilnehmern Vorwissen aktualisiert wird, kann sich eine interessante Diskussion eirgeben; andernfalls deutet das Beispiel von der Tasse zumindest richtig an, worum es fachlich geht.

Aufgabe 65
offen

Nennen Sie andere weitere Beispiele für irreversible Prozesse.

```
Mögliche Lösungen:
    Tablette, die sich in Wasser auflöst
    Salz, das sich in Wasser auflöst
    Zucker, der sich im Kaffee auflöst
    Glassplitter
    ...
```

Aufgabe 66
geschlossen

a) Verbinden Sie die Synonyme::

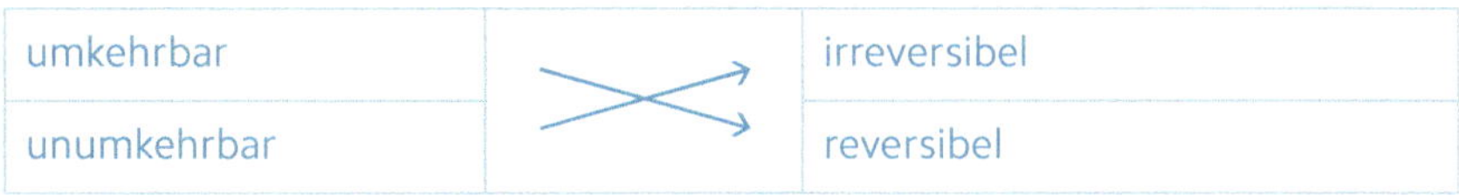

offen

b) Suchen Sie weitere Beispiele (Adjektive, Verben, Nomina) mit den Vorsilben *re-* und *un-* zur Angabe des Gegenteils.

Aufgabe 67
offen

Suchen Sie physikalische Beispiele für die folgenden Begriffe:
Makrozustand - Mikrozustand
Gesamtzustand – Endzustand – Gleichgewichtszustand

Aufgabe 68
halb offen
Modelllösungen

Korrigieren Sie folgende falsche Aussagen.

```
Nein, das ist gerade umgekehrt, die Wärmemenge fließt vom wärmeren zum
kälteren Körper.
Nein, das trifft nicht zu, vielmehr strömt das Gas bei Druckgleichgewicht
aus einer geöffneten Flasche heraus.
Es ist genau umgekehrt: Der 2. Hauptsatz gibt Auskunft über die Richtung
eines Prozesses, während der 1. Hauptsatz Auskunft über seine Möglichkeit
gibt.
```

Grammatikwiederholung: Verschiedene syntaktische Formen für die gleiche Bedeutung

Aufgabe 69
offen

a) Wie könnten die angefangenen Modellsätze weitergehen, damit ...

geschlossen

b) Formulieren Sie die folgenden Sätze so um, dass ...

```
    Wenn sich der Druck ändert, ändert sich auch die Siede- bzw.
    Kondensationstemperatur einer Flüssigkeit.
    Wenn die Temperatur wärmer als - 30° ist, verdampft das Kühlmit-
    tel im Verdampfer.
```

Sofern man geeignete Materialien verwendet, kann man viele Ressourcen sparen.
Wenn man ein System nach außen isoliert, bleibt seine innere Energie U konstant.
Setzt man FCKW-freie Kühlmittel ein, kann man die Klimaschädlichkeit reduzieren.

offen   **c) Versuchen Sie, selbst ähnliche Beispiele ….**

3. Erster Hauptsatz der Wärmelehre

Aufgabe 70   **Recherchieren Sie in der Technik praktische Beispiele für den 2. und 3.**
offen   **Hauptsatz der Thermodynamik.**

Lernziel erreicht?   Wenn an diesem Punkt interessante Beispiele referiert werden, dann beginnt die tatsächliche Fachkommunikation in der Fremdsprache Deutsch – und das ist schließlich das Lernziel des fachsprachlich orientierten DaF-Unterrichts.

Zu Kapitel 7: Elektrotechnik

Zum Inhalt

Alle Ingenieursstudenten lernen Basiskenntnisse im Fach Elektrotechnik. Die Formelzeichen und Einheiten sind international genormt (SI) und allen aus dem Grundstudium in ihren Muttersprachen bekannt. Prozesse und Verfahren zum Messen und Prüfen kommen ebenfalls überall vor. Der Anteil authentischer Aufgaben nimmt in diesem Kapitel deutlich zu.

Am exemplarischen Beispiel eines virtuellen Oszilloskops führen wir die zentrale Textsorte „Versuchsprotokoll" ein.

Oszilloskop

Das Oszilloskop ist eines der am meisten eingesetzten Messgeräte. Der Umgang mit ihm wird im Grundstudium jedes ingenieurwissenschaftlichen Fachs erlernt, denn Oszilloskope sind unverzichtbar für jeden, der elektronische Geräte entwickelt, herstellt oder repariert. Der Einsatz eines Oszilloskops ist aber keinesfalls nur auf die Elektronik beschränkt. Mit geeigneten Sensoren kann ein Oszilloskop indirekt die verschiedensten Phänomene messen, wie Druck, mechanische Belastungen, Licht oder Töne. Daher werden Oszilloskopen in den unterschiedlichsten Berufen eingesetzt: vom Physiker bis zum Telekommunikationstechniker. Ein KFZ-Ingenieur verwendet ein Oszilloskop, um Daten aus der Motorsteuerung auszulesen, ein Medizintechniker setzt das Oszilloskop zum Messen von Gehirnströmen ein – die Möglichkeiten sind endlos.

Zur Sprache

Die Sätze sind präzise und eher kurz, aber die Begrifflichkeiten müssen stimmen.

Termini

Die vielen international einheitlichen Abkürzungen und Formeln für die Termini erleichtern das Verständnis von Texten und Grafiken. Nützlich für das Verstehen der Terminologie ist z. B. die Seite www.elektronik-kompendium.de/sites/bau/0812261.htm. Die Nähe zur Realität (digitales Messgerät, Oszilloskop, Einheitentabellen usw.) motiviert stark; viele sprachliche Aufgaben sind ohne fachliches Mitdenken nicht mehr lösbar. Für fachlich interessierte Lerner ist das ein Vorteil; Lehrer wundern sich oft, wie schnell Studierende Aufgaben vom Typ A16 lösen.

Dabei enthalten die Aufgaben immer eine Progression, in der die Lexik in kleinen Schritten aufgebaut wird. Beispielsweise wird beim Thema „Messen" zuerst der bereits bekannte Wortschatz gesammelt (A10), dann durch das Suchen von passenden Fragen zu vorgegebenen Kurztexten systematisch ergänzt (A11). Als Transfer muss der folgende Text (zu A12) mit derselben allgemeinen Fachlexik sinnerfassend gelesen werden, bevor detailliertere Fragen (A13) und konkrete Wörter (A14) behandelt werden. Am exemplarischen Beispiel eines virtuellen Oszilloskops wird einmal konkret durchgespielt, wie man ein Protokoll eines Experiments schreibt und dabei die berechneten Werte korrekt einträgt.

Typisch für authentische, fachlich-sprachliche Kombinationsaufgaben ist die *Zuordnung* von *Begriffen* zu *Oberbegriffen*. So müssen (in A22 – A25) Wörter aus dem Text vorgegebenen Oberbegriffen (*Komponenten, physikalische Prozesse, Arbeitsvorgänge, Materialeigenschaften*) zugeordnet werden; dabei lässt sich ihre Bedeutung klären.

Nominal- u. Verbalstil

Ein sprachstrukturelles Thema ist die Differenzierung von Konnektoren - z. B. seltene Konnektoren (A27) - sowie die systematischen Entsprechungen von Verbal- und Nominalphrasen. Mit Hilfe der folgenden Tabelle lassen sich gut differenzierte Übungen (für A2 bis B2) konstruieren.

Lehrerinfo

Tabelle zur Entsprechung von Verbal- und Nominalphrasen

Welchen *Konjunktionen* entsprechen welche *Konstruktionen mit Präpositionen?*

Sachverhalt	Verbal als Nebensatz	Nominal als Präpositionalphrase
Zweck und Ziel	damit um zu + Infinitiv	zu + Dat. für + Akk.
Bedingung	wenn, sofern falls; im Falle, dass … unter der Bedingung, dass … vorausgesetzt, dass …	bei + Dat. im Falle + Gen. unter der Bedingung + Gen. unter der Voraussetzung + Gen.
Mittel und Methode	indem dadurch, dass …	unter + Dat., durch + Akk. mittels + Gen.; mit Hilfe von + Dat.
Ursache und Grund	weil, da zumal da aufgrund/infolge der Tatsache, dass aufgrund/infolge dessen, dass dadurch, dass …	wegen, infolge + Gen.,aus + Dat. zumal wegen + Gen. aufgrund + Gen., infolge + Gen. infolge + Gen. durch + Akk.
Gegengrund	obwohl, obgleich, obschon wenngleich, wenn … auch ungeachtet der Tatsache, dass …	trotz + Gen. ungeachtet der Tatsache + Gen.
Zeit	nachdem als wenn während solange seit / seitdem	nach + Dat. bei + Dat. (gleichzeitig) nach + Dat. (nachzeitig) bei + Dat. während + Gen. während + Dat. seit + Dat.

7.1. Terminologie

7.1.1. Grundbegriffe der Elektrotechnik

Aufgabe 1
geschlossen

Welche Benennung gehört zu welchem Schaltzeichen…

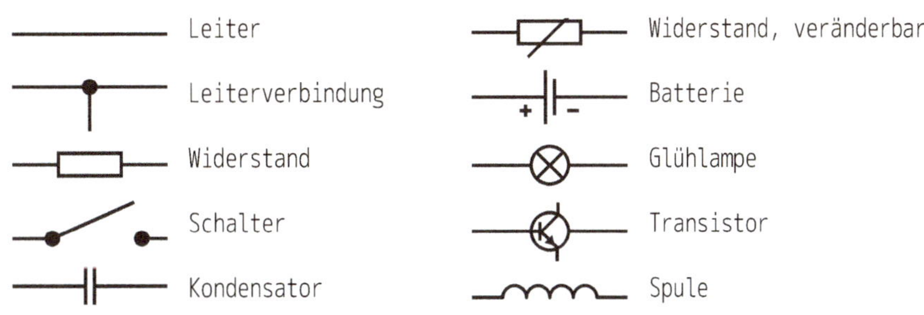

Aufgabe 2
offen

Kennen Sie noch andere Schaltzeichen? Zeichnen …

Symbol	Benennung
	die Diode

Aufgabe 3
geschlossen

Lesen Sie den folgenden Text und …

In der ___Spannungsquelle___ (z.B. Batterie oder Steckdose) …

Im ___Verbraucher___ wird dem elektrischen **Strom** ein …

Spannung	
Formelzeichen	Maßeinheit
U	Volt (V)

Die ___Maßeinheit___ für den elektrischen Strom …

Aufgabe 4
geschlossen

Ergänzen Sie die Tabelle.

Widerstand - Formelzeichen: Ω, Maßeinheit: Ohm

Aufgabe 5
geschlossen

Verbalisieren Sie die folgenden Gleichungen zum Ohmschen Gesetz:

$I = \dfrac{U}{R}$	*Stromstärke ist gleich Spannung durch Widerstand*
$U = R \cdot I$	Spannung ist gleich Widerstand mal Stromstärke
$R = \dfrac{U}{I}$	Widerstand ist gleich Spannung durch Stromstärke

Aufgabe 6
halb offen

Stellen Sie den Zusammenhang von Stromstärke, Spannung und …

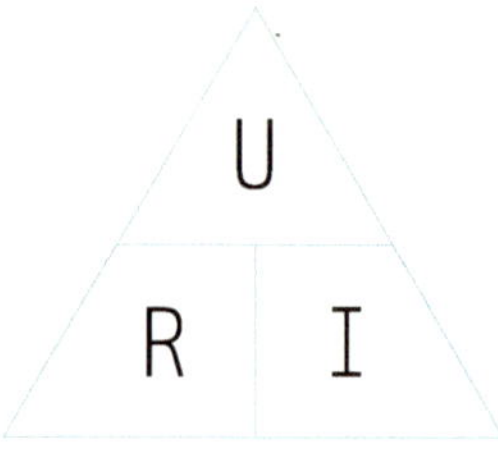

Aufgabe 7
geschlossen

… zum Ohmschen Gesetz

a) Berechnen Sie die jeweils fehlende Größe. Lesen Sie die Gleichung …

(1) R=460 Ω, (2) U=200 V, (3) I=210 mA, (4) R=120 Ω

geschlossen

b) Prüfen Sie die Aussagen (richtig oder falsch?) und …

3 richtig, 1 + 2 falsch

7.1.2. Formelzeichen der Elektrotechnik nach dem Internationalen Einheitensystem (SI)

Aufgabe 8   Ordnen Sie die Formelzeichen, Einheiten und Einheitenzeichen in …
geschlossen

Formelzeichen	Physikalische Größe	Einheiten	Einheitenzeichen
B	Magnetische Flussdichte, Induktion	Tesla	$T =$ Weber pro Quadratmeter
C	Elektrische Kapazität	Farad	F
D	Elektrische Flussdichte, Verschiebung	Coulomb pro Quadratmeter	c/m²
E	Elektrische Feldstärke	Volt pro Meter	$\dfrac{V}{m}$
E$_\text{v}$	Beleuchtungsstärke	Lux	lx
G	Elektrischer Leitwert	Siemens	S
H	Magnetische Feldstärke	Ampere pro Meter	$\dfrac{A}{m}$
I	Stromstärke	Ampere	A
IV	Lichtstärke	Candela	cd
L	Induktivität	Henry	H
L$_\text{v}$	Leuchtdichte	Candela pro Quadratmeter	$\dfrac{cd}{m^2}$
Φ	Magnetischer Fluss	Weber	Wb
Φ_V	Lichtstrom	Lumen	lm
P	Leistung	Watt, Joule pro Sekunde, Newtonmeter p. S.	$W, \dfrac{J}{s}, \dfrac{Nm}{s}$
Q	Elektrische Ladung	Coulomb	C
R	Elektrischer Widerstand	Ohm	Ω
T	Temperatur	Kelvin	K
U	Elektrische Spannung, elektrische Potentialdifferenz	Volt	~~W~~ V
W	Arbeit W = Energie E	Wattsekunde, Joule, Newtonmeter	Ws, J, Nm

Quiz
Stellen sie konkrete Fragen an Ihren Lernpartner, die …

7.2. Messen des elektrischen Stroms

Was kann man alles messen? Mit welchen Instrumenten …

7.2.1. Grundbegriffe

Lesen Sie die Definitionen/ Kurztexte und notieren …
Welche Werte werden beim Messen verglichen? Womit vergleicht man beim
Messen die unbekannte Größe?
Woraus setzt sich der Messwert zusammen?
Wo kann man den Anzeigewert ablesen? usw.

Finden Sie im folgenden Text vier inhaltliche Fehler.
Messen bedeutet … In der … Messtechnik werden Strom, Spannung und
~~Volt~~ Widerstand als Messgrößen bezeichnet … Bei der Messung wird ein
Wert ermittelt, der als ~~Messbereich~~ Messwert bezeichnet wird. Dieser …
abgelesen wird. ~~Während~~ Vor der Messung stellt man … ein. Im Regelfall
beginnt man bei einem ~~kleinen~~ hohen Messbereich und ~~erhöht~~ verringert
den Messbereich bei Bedarf.

7.2.2. Fragestellungen vor der Messung

Die inhaltlichen Standard-Fragen zum Messen werden zum Üben der Grammatik
(Passiv, man-Sätze usw.) umfunktioniert, damit durch die häufige Wiederholung
eine Automatisierung stattfindet.

a) Formulieren Sie die drei Fragen aus dem Text „Fragestellungen …
1. Welchen Messwert braucht man? Welchen Messwert will man mit welcher Genauigkeit?
2. Wie viele Nachkommastellen braucht man? … muss/will man haben?
3. Soll man Gleichspannung messen?

halb offen · **b) Zerlegen Sie den letzten Satz in drei kurze Sätze und ...**

Modelllösung · Je nach Antwort muss man das Messinstrument auswählen.

halb offen · **c) Wandeln Sie nun alle man-Sätze in Passivsätze um.**

Modelllösung · Welcher Messwert wird benötigt? Wie soll der Messbereich eingestellt werden? Welche Messart wird verwendet?

7.3. Digitales Messgerät

authentisch · Für Technikstudierende sind solche authentischen Aufgaben sehr attraktiv, weil die Fachlexik so unmittelbar nützlich ist. Sofern die Lerner andere ähnliche Geräte kennen oder besitzen, sollten sie die mitbringen und deren Funktionen erklären. Quiz- und Partnerfragespiele ergeben sich wie von selbst.

Aufgabe 14 · **Bilden Sie mindestens zehn Sätze zur ...**

halb offen · Hier schließt man den Strom bis 20 A an.

Modelllösung · Hier wählt man den Messbereich für Wechselstrom.

Hier stellt man den Messbereich für Gleichspannung ein.

Hier testet man die Dioden.

Hier liest man die Wechselspannung ab.

Aufgabe 15 · **Beschreiben Sie die Vorteile eines digitalen ...**

offen · Eine praktische Schreibübung ist die Umformulierung von stichwortartigen Infos zu vollständigen Sätzen; je nach Lerngruppe kann man sie grammatisch einfach oder anspruchsvoller gestalten.

7.4. Oszilloskop

Aufgabe 16
offen

a) Welche Bedienelemente (Schalter, Regler) erkennen Sie …

geschlossen

b) Welche Abkürzungen in der Tabelle …
1d, 2g, 3a, 4i, 5b, 6k, 7e, 8c, 9h, 10f, 11n, 12o, 13l, 14j, 15m

c) Ordnen Sie die Nummern den Bedienelementen in der Zeichnung zu.

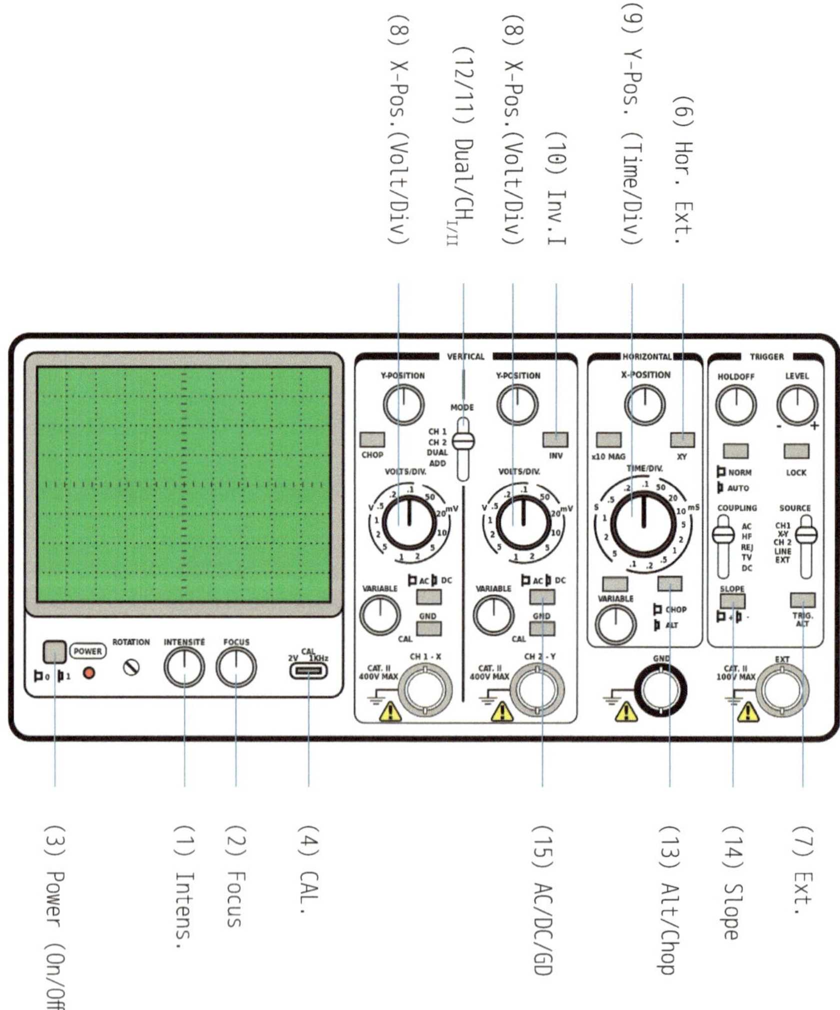

Aufgabe 17
geschlossen

a) Unterstreichen Sie in dem Text „Bedienungsanleitung" alle …

b) Welche anderen Passiversatzformen befinden sich noch im Text?
Passiv mit Modalverb: muss gebracht werden, muss nachgeregelt werden
Passiversatz: lässt sich ⋯ so verändern, dass ⋯, sind ⋯ einzu-
stellen, sind ⋯ zu bringen
Reflexivsätze (mit und ohne Modalverb): müssen sich befinden, damit ⋯
sich befindet, kann sich wieder verschieben

Grammatisch ganz korrekt gesehen kann man trennen: Passiv- und Passiversatzformen mit Modalverb, Reflexivsätze mit und ohne Modalverb.
Pragmatisch gesehen, kann man alle Verbkonstruktionen unterstreichen lassen und dann andere sprachliche Varianten mit gleicher Bedeutung suchen.

halb offen
Modelllösung

c) Schreiben Sie fünf Sätze, in denen …
Man muss vor der Inbetriebnahme das Gerät in ⋯ bringen.
Man muss die Drehknöpfe in ⋯ Stellung bringen.
Man kann die Linie so verändern, dass ⋯
Die Drehknöpfe müssen ⋯ eingestellt werden.
Man muss die Grundlinie ⋯ nachregeln.

Aufgabe 18
halb offen
Modelllösung

Erklären Sie die Bedeutung folgender …
Inbetriebnahme bedeutet, dass ein Gerät eingeschaltet wird.
Zwei-Kanal-Betrieb bedeutet, dass das Gerät mit 1 oder 2 Kanälen aus-
gestattet ist. Es kann wahlweise mit einem oder zwei Kanälen betrieben
werden.
Der „Betriebsartenumschalter" dient zum Wechsel von einer Betriebsart
in die andere (ein-, aus-, umschalten).

Aufgabe 19
halb offen
Modelllösungen

Wandeln Sie diese „extralangen" Komposita …
In Dezimalzahlen heißen die Positionen oder Stellen, in denen die Zahlen nach dem Komma stehen, Nachkommastellen.
Der Schalter, mit dem man von einer Signalart in die andere umschalten
kann, heißt Signalartumschalter.

7. 5. Messungen am virtuellen Oszilloskop und Versuchsprotokoll

Jetzt werden Sie mit der Textsorte „Versuchsprotokoll" vertraut gemacht. Dazu müssen Sie im Internet ein Experiment an einem interaktiven Oszilloskop ausführen und die Ergebnisse in einem Protokoll schriftlich festhalten. Das Experiment und das Protokoll basieren auf einer Versuchsanordnung im Praktikum der elektrotechnischen Grundlagenausbildung der TU Ilmenau.

Aufgabe 20   **Bearbeiten Sie das *Versuchsprotokoll.***

Aufgaben zum Umgang mit dem (virtuellen) Oszilloskop

Name: ______________________________

Datum: ______________________________

1. Schaltzeichen
Suchen Sie im Internet nach dem Schaltzeichen des Oszilloskops. Zeichnen Sie das Symbol.

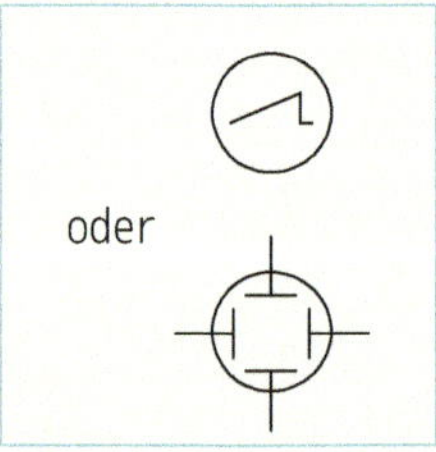

2. Anwendungen
Welche Anwendungen/Messaufgaben kann man mit einem Oszilloskop ausführen? Nennen Sie mindestens vier Beispiele.

Strommessung, Spannungsmessung

Frequenzmessung

Phasenmessung

Amplitudenmessung

Gehen Sie jetzt zu www.virtuelles-oszilloskop.de

Klicken Sie auf das Bild und starten Sie das virtuelle Oszilloskop.

3. Messungen am virtuellen Oszilloskop

Hier lernen Sie:

- die Inbetriebnahme des Gerätes und den Anschluss von Kabeln
- die Steuerung der Vertikalablenkung
- die Messung des Bildschirms mit dem Messraster

3.1. Schließen Sie das Signalkabel mit der lila Farbe an den Kanal 1 an.

3.2. Stellen Sie die Zeit (TIME/DIV) und Amplitude (VOLTS/DIV) so ein, dass das Signal optimal bildschirmfüllend angezeigt wird.

3.3. Messen Sie nun die Frequenz f und die Amplitude A.

3.4. Tragen Sie die Werte in die Tabelle ein.

3.5. Wiederholen Sie die Messungen für die Signale blau, grün und orange.

Kabel	Frequenz f in Hertz	Amplitude A in Volt
Lila	Periodendauer $t_p = 8\,ms$ $f_0 = \frac{1}{8} = 125\,Hz$	$U_{ss} = 3\,V$ (Spitze - Spitze) $U_0 = 1,5\,V$ (Amplitude)
Blau	$f_0 = 125\,Hz$	$U_0 = 1,2\,V$
Grün	$t_p = 4,55\,ms$ $f_0 = 220\,Hz$	$U_0 = 0,76\,V$
Orange	$f_0 = 444\,Hz$	$U_0 = 4\,V$

4. Phasenwinkelbestimmung

Hier lernen Sie:

- die Nutzung beider Kanäle
- die Anwendung der X-Y Betriebsart
- das Erzeugen von Lissajous-Figuren

4.1. Gehen Sie zu ...

http://getsoft.net/labweb/virtuelle-instrumente/virtuelles-oszilloskop/ und starten Sie das interaktive Oszilloskop mit Sinusgeratoren an CH1 und CH2.

4.2. Wie kann man eine Lissajous-Figur am Oszilloskop erzeugen?
Stellen Sie am TIME/DIV-Regler die X-Y Betriebsart ein. Stellen Sie an
den Sinusgeneratoren folgende Werte ein:
Kanal 1 — Spannung: 3 Volt / Frequenz: 30 Hz / Phasenwinkel 135°
Kanal 2 — Spannung: 3 Volt / Frequenz: 30 Hz / Phasenwinkel 90°
Auf dem virtuellen Bildschirm erscheint eine ovale Figur.
Wie groß ist die Phasendifferenz?

Phasenwinkel φ	Frequenzverhältnis Kanal 1 zu Kanal 2
☐ 90°	☐ 1 : 3
☐ 180°	☐ 1 : 2
☐ ~~120°~~ 135,225	☒ 1 : 1

Fehler   In der 3. Zeile steht 120°. Das ist aber ein Fehler. Richtig ist: 135° oder
alternativ 225°.

4.3. Welcher Phasenwinkel φ und welche Frequenzen f müssen für eine
kreisförmige Lissajousfigur vorhanden sein?
90° oder 270°

4.4. Stellen Sie die Regler für Kanal 1 und Kanal 2 so ein, dass eine
kreisförmige Lissajousfigur entsteht, die den Bildschirm maximal
ausfüllt. Welche Werte haben Sie eingestellt?

Kanal 1	Kanal 2
Spannung (V): 3	Spannung (V): 3
Frequenz (Hz): 30	Frequenz (Hz): 30
Phasenwinkel (°): 0	Phasenwinkel (°): 90 oder 270

4.5. Stellen Sie an Ihrem interaktiven Oszilloskop die unten gezeichnete Lissajousfigur dar. Stellen Sie die Werte aus der Tabelle am Kanal 1 ein. Welche Werte müssen Sie am Kanal 2 einstellen, um diese Figur zu erhalten? Tragen Sie die Werte in die Tabelle ein.

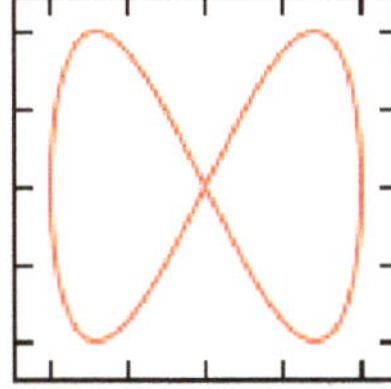

Kanal 1	Kanal 2
Spannung: 3V	Spannung: 3V
Frequenz: 20 Hz	Frequenz: 40 Hz
Phasenwinkel: 45°	Phasenwinkel: 90⁰ oder 270⁰

4.6. Stellen Sie Werte aus der Tabelle an den Sinusgeneratoren ein. Sie erhalten eine weitere Lissajousfigur. Zeichnen Sie diese in das Diagramm. Bezeichnen Sie die Achsen und berechnen Sie das Frequenzverhältnis und die Phasendifferenz.

Kanal 1	Kanal 2
Spannung: 3V	Spannung: 3V
Frequenz: 20 Hz	Frequenz: 30 Hz
Phasenwinkel: 90°	Phasenwinkel: 180°

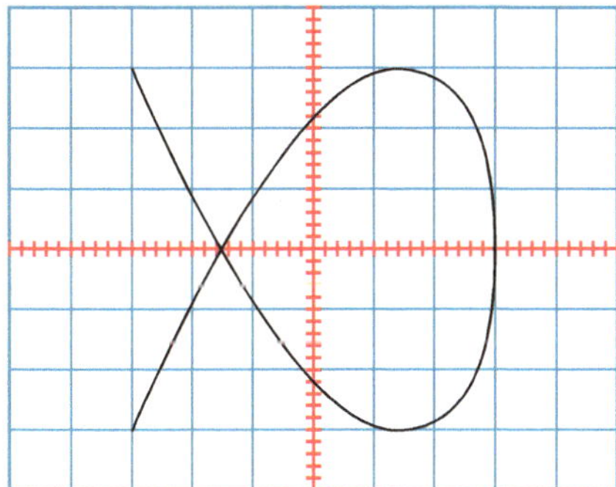

7.6. Messen und Prüfen: Worin besteht der Unterschied?

Aufgabe 21
halb offen
Modelllösung

a) Wiederholen Sie: Was tut man beim…

Beim Messen ermittelt man eine quantitative Aussage über eine physikalische Größe. Mit einer Messeinrichtung (z. B. einem Thermometer für ^{0}Celsius) wird ein realer Messwert festgestellt (z. B. 24^{0}C)
Beim Prüfen vergleicht man den Ist-Zustand mit dem Soll-Zustand. In der Technik geht es darum, zu kontrollieren, ob der Prüfgegenstand die festgelegten Bedingungen erfüllt, vor allem die definierten Toleranzgrenzen. Toleranzgrenzen: Was darf sein? Was darf nicht sein?

geschlossen

b) Nennen Sie die Schlüsselwörter zur Unterscheidung …

Messen: quantitative Aussage, präziser Messwert, Messeinrichtung, Zahlenwert, Einheit, ermitteln
Prüfen: Ist-Zustand, Soll-Zustand, Prüfgegenstand, festgelegten Bedingungen, Toleranzgrenze, subjektives und objektives Prüfen, mit / ohne Hilfsmittel, Prüfmittel, vergleichen

Aufgabe 22
geschlossen

Suchen Sie im Text *technische Komponenten* und ihre Funktion:

Werkzeuge und Hilfsmittel	Funktion
Kontaktmittel	dient für den Übergang der Schallwellen in das Prüfstück
Prüfkopf	tastet das Prüfstück ab, sendet Ultraschall und empfängt das Echo
Monitor	erzeugt Signalbild, zeigt Materialfehler
Ersatzreflektor	stellt den Vergleich mit dem kompletten Werkstück her

Aufgabe 23
geschlossen

Suchen Sie im Text auf der vorigen Seite Wörter, die …
(aus)senden, empfangen, reflektieren

Aufgabe 24
geschlossen

Suchen Sie Wörter, die *Arbeitsvorgänge* (z. B. messen) benennen:
auftragen, abtasten, abfahren
tauchen, benetzen
berechnen, messen,
sichtbar machen
erzeugen, vergleichen, abschätzen
speichern, dokumentieren

Aufgabe 25
geschlossen

Suchen Sie Nomina, die *Materialeigenschaften* …

Lunker (Hohlraum) Einschluss, Riss, Ungänze

Aufgabe 26
offen

Erklären Sie in Kurzform, *wie* das Prüfverfahren …

Aufgabe 27
geschlossen

a) Sagen Sie die folgenden Wörter anders:

zerstörungsfrei: ohne zu zerstören

etwas lässt zu: man kann, etwas ist möglich

halb offen

b) Suchen Sie andere Konnektoren mit derselben / …

zwecks: zum Zwecke + Gen., zu + Dativ: zum Zwecke der Übertragung; zur Verbesserung / Optimierung

mittels: mit Hilfe von + Dat / Gen.: mit Hilfe von einem Prüfkopf; mit Hilfe eines digitalen Messgeräts

anhand: mit Hilfe von, durch + Akk.: durch das Signalbild, mit Hilfe einer speziellen Vorrichtung

Aufgabe 28
halb offen
Modelllösung

Bilden Sie aus den Passiv-Sätzen korrekte Aktiv-Sätze …

Hier geht es um die Kombination aus bekannter Grammatik und inhaltlich sinnvoller Ergänzung, denn nur dann wird die unterschiedliche *Funktion* von Passiv und Aktiv deutlich: Geht es mehr um das *Geschehen* oder die *handelnde Person* (bzw. Maschine)? In Klammern sind bei der Modelllösung Zusatzinformationen angegeben, die das Verständnis erleichtern.

Ein (verantwortungsvoller) Techniker /Prüfer / Mechaniker führt eine Ultraschallkontrolle nach Richtlinien durch.
(Ähnlich wie ein Arzt bei einer Ultraschall-Untersuchung) trägt er auf der Oberfläche des Werkstückes ein Kontaktmittel auf.
Bei einer manuellen Prüfung „fährt" der Prüfkopf die zu prüfende Oberfläche „ab", er tastet sie ab.
Dagegen taucht bei einer automatischen Prüfung der Prüfautomat oder der Techniker oft das Prüfstück in eine geeignete Flüssigkeit (damit es sicher von allen Seiten kontrolliert werden kann).
Anhand der gemessenen Zeitdifferenz erzeugt das Messgerät ein Signalbild und macht es auf einem Monitor sichtbar.
Anhand dieses Bildes kann der Prüfer die Lage bestimmen und die Größe des Fehlers durch Vergleichen mit einem Ersatzreflektor abschätzen.
Im Allgemeinen kann der Prüfer Ungänzen mit einer Größe von ca. 0,6 mm erkennen.
Die automatischen Prüfanlagen speichern die Informationen und dokumentieren sie sofort oder später.

Zu Kapitel 8: Energietechnik 1

Zum Inhalt

Energiebegriff
Energie ist die Voraussetzung aller natürlichen und technischen Prozesse. Heute wäre ein Leben ohne den Einsatz elektrischer Energie und fossiler Treibstoffe undenkbar. Fossile, nukleare und regenerative Energieträger bilden die Basis unserer Energieversorgung, durch ihre Umwandlung entsteht die Nutzenergie. Die Physik mit den Hauptsätzen der Thermodynamik liefert dafür die theoretischen Grundlagen. Energie kann nicht geschaffen oder vernichtet werden, nach dem Energieerhaltungssatz bleibt die Summe aller Energieformen konstant.

Die Energietechnik als Ingenieurwissenschaft befasst sich interdisziplinär mit dem Thema Energie. In Zeiten knapper werdenden Ressourcen kommt ihr eine immer wichtigere Bedeutung zu. Sie ist daher eng verzahnt mit der Energiewirtschaft, der -politik und dem Umweltschutz. Für den Wissenschafts- und Industriestandort Deutschland spielt die Energietechnik eine immer größer werdende Rolle.

Zur Sprache

Fachlexik Energietechnik
Entsprechend der vielen Bereiche der Energietechnik ist die Quantität der Fachlexik enorm. Wir haben hier zwei Schwerpunkte gesetzt: (1) häufig gebrauchte *Verben* mit fachspezifischer Bedeutung, (2) Strukturbeispiele für die zahllosen *Nominalkomposita*. (Vgl. Untertitel: Energiebegriff, Einergieeinheiten, Energieformen, Energieverbrauch, Energieträger, Solarzelle, Solarthermie, Geothermie)

Grammatik
Der grammatische Schwerpunkt ergibt sich aus den abstrahierenden Fachtexten zum Thema: *komprimierte Satzkonstruktionen* und *Konnektoren*. Der Nominalstil zeigt Informationsverdichtung und Verkürzung, die Sätze sind knapper und kürzer, aber daher oft schwerer verständlich. Hier hilft nur eine Kognitivierung und eine bewusste Analyse der Satzstruktur (*Strategie: Sätze zerlegen*). Fortgeschrittene Lerner benötigen eine Differenzierung der Konnektoren (Tabelle , *Grund und Gegengrund*, *während* etc.), integriert in fachtypische Kausalzusammenhänge (z. B. *Ziele, Ursachen von Vorgängen*).

schriftliche Zusammenfassungen
Das Schreiben wird zu wenig praktiziert, ist aber ideal zum Memorieren und zum exakten Sprechen; zuerst wird geschrieben, dann mündlich vorgetragen. Ein schrittweiser methodischer Aufbau mit isolierten Schwierigkeiten unterstützt die Textproduktion.

<table>
<tr><td>Annäherung an
das Fachbuch</td><td>Die Schriftlichkeit in Kombination mit diversen Übungen zur Textrezeption dient dazu, sich der Arbeit mit einem „normalen" Fachbuch anzunähern. Zur Entwicklung der Fähigkeit, die Fremdsprache Deutsch als Medium zum Wissenserwerb zu benützen, gehört die Lektüre von Fachliteratur; wer dies kann, ist studierfähig.</td></tr>
</table>

8.1. Energiebegriff

8.1.1. Energiebegriff und Energieeinheiten

Aufgabe 1
geschlossen

a) Ordnen Sie in der Tabelle …

Einheit	Abkürzung	Was wird damit gemessen? Anwendungsgebiet / Beispiel
Kilowatt	kW	elektrische Energie
Kilokalorie	kcal	Brennwert von Lebensmitteln
Tonne Steinkohle-einheiten	tSKE	große Energiemengen, z. B. Kraftwerkskapazitäten
Watt	W	Leistung = umgesetzte Energie pro Zeiteinheit
Pferdestärke	PS	historische Einheit für Leistung (Dampfmaschine) $1\,PS = 735{,}5\,W$

halb offen
Modelllösung

b) Geben Sie jedem Absatz …

Erhaltungsgröße Energie

Energie ist eine *physikalische* Größe, die …

Einheiten für elektrische Energie und Brennwert

So wird die elektrische Energie in *Kilowattstunden* oder …

Große Einheit für Kraftwerke

Große Energiemengen, beispielweise zur Beschreibung von …

Leistung

Die umgesetzte Energie pro Zeiteinheit …

<table>
<tr><td>Aufgabe 2
halb offen
Modelllösung</td><td>

1. Die Einheit PS wurde zu Beginn des 19. Jahrhunderts von James Watt erfunden, um eine anschauliche Einheit für die Leistung von Dampfmaschinen zu zeigen.
2. Man verwendet sie noch heute in der Kraftfahrzeugtechnik.
3. Die elektrische Einheit wird im Text nicht definiert.

</td></tr>
<tr><td>Aufgabe 3
geschlossen</td><td>

Was bedeuten die Verben in der 1. Spalte? Suchen Sie …

1b, 3a, 4f, 5d, 6e

</td></tr>
<tr><td>Aufgabe 4
offen</td><td>

Unterstreichen Sie im Text „8.1.1. Energiebegriff und …

</td></tr>
<tr><td>Aufgabe 5
geschlossen</td><td>

Welche Verben sind trennbar, welche nicht? Tragen Sie …

</td></tr>
</table>

nicht trennbar	trennbar
beschreiben, bezahlen, bezeichnen, entwickeln, erfinden, erscheinen, erwärmen, erzeugen, verändern, verbrennen, vernichten, verbrauchen, verrichten, verwenden	ableiten, ablesen, angeben, aufstellen, auftauchen feststellen, umwandeln vorkommen

8.1.2. Textaufgaben

<table>
<tr><td>Aufgabe 6
halb offen</td><td>

Lösen Sie die folgenden Textaufgaben.

1. Die elektrische Leistung ist ein Momentwert. Sie gibt an, wie viel Energie ein Gerät in einer bestimmten Zeit benötigt. Die Maßeinheit dafür ist Watt (W). Die Maßeinheit für elektrische Energie (=elektrische Arbeit) ist Wattsekunde (Ws). Da diese Einheit sehr klein ist, werden in der Praxis größere Einheiten benutzt, Wattstunden (Wh). Elektrische Leistung: 1000 Watt (W) = 1 Kilowatt (kW)
Elektrische Arbeit: 1000 Watt (W) x 1 Stunde (h) =
1 Kilowattstunde (kWh)
Menschliche Leistung im Vergleich: Die Dauerleistung eines durchschnittlichen Menschen beträgt etwa 70 Watt (Leistungssportler bringen es kurzfristig (=maximal drei Minuten) auf etwa 400 Watt.

Um also eine Kilowattstunde elektrische Arbeit zu erzeugen, müsste ein durchschnittlich trainierter Mensch ca. 14 Stunden arbeiten.

1000 Wh: 70 W = 14,2 h

</td></tr>
</table>

Was man mit 1 Kilowattstunde (kWh) alles machen kann:
- 1 Mittagessen für vier Personen kochen
- 1 Ladung 60-Grad-Wäsche waschen
- 17 Stunden unter einer 60-Watt-Glühlampe lesen
- 70 Tassen Kaffee kochen
- 0,5 Stunden lang staubsaugen (2000-Watt-Staubsauger)
- 5 Stunden fernsehen (LED-Gerät, Bildschirmdiagonale 107 cm)
- 5-10 Stunden am Desktop-Computer arbeiten
- alle Elektrogeräte eines typischen Vier-Personen-Haushalts
  14 Stunden lang im Standby-Betrieb halten

2. 1000 Wh : 20 W =50 h

3. Die Wärmekapazität von Wasser ist 4,18 J/(g K)
   1 Liter Wasser sind ca 1 kg, also 1000 g.
   Der Temperaturunterschied beträgt 40 °C, somit 40 K
   Energie = Wärmekapazität * Masse * Temperaturdifferenz
   Energie = 4,18 J/(g K) * 1000 g * 40 K
   Energie = 167200 J
   1 J = 1 Ws
   Energie = 167200 Ws
   167200 Ws
   Energie = 3600 s/h
   Energie = 46,444 Wh

   Energie = 0,046444 kWh

4. 24 GWh x 365 = 8760 GWh = 8,76 TWh
   Die in einem solchen 1000 GW - Kraftwerk maximal produzierte Strom-
   menge reicht aus, um 2 Millionen 3-Personen-Haushalte zu versorgen.

<table>
<tr><td>Aufgabe 7
geschlossen</td><td colspan="2">a) Bilden Sie vier Komposita und suchen Sie …</td></tr>
</table>

Komposita	Beispielsätze
Energiemenge	⋯ beschreibt die Wärmeenergie, die bei der Verbrennung ⋯ freigesetzt wird
Steinkohleeinheit	Große Energiemengen ⋯ werden häufig in Tonnen Steinkohleeinheiten angegeben. Eine Tonne Steinkohleeinheiten (tSKE) beschreibt ⋯
Wärmeenergie	⋯ die Wärmeenergie, die bei der Verbrennung von einer Tonne Steinkohle freigesetzt wird.
Zeiteinheit	Die umgesetzte Energie pro Zeiteinheit wird als Leistung bezeichnet.

offen **b) Formulieren Sie selbst ähnliche Sätze …**

Aufgabe 8 **Ergänzen Sie den Merksatz, dann haben Sie die Regel.**
geschlossen aus, am Ende (hinten), am Anfang (vorne), das Grundwort

Aufgabe 9 **a) Schreiben Sie den richtigen Artikel dazu:**
geschlossen **Spalte 1:** das Stromnetz, die Energiewende, das Was-serkraftwerk, die Primärenergie, der Stromzähler, die Energiesparlampe, die Kapazitäts-grenze, der Wirkungs-grad, das Großkraftwerk, die Informationsgesell-schaft, die Wachstumsbremse, die Sicherheitsstufe, die Fernwär-me, die Stromrechnung, die Ansichtskarte, die Bevölke-rungsmehrheit
Spalte 2: das (Gas-)Kraftwerk, die Windkraftanlage, die Solarenergie, die Nutzenergie, die Kilowattstunde, die Kraftwerkskapazität, der Sicherheitsanzug, der Wis-senschaftsrat, der Heiterkeitserfolg, die Arbeitsplatz-sicherheit, die Frühlingssonne, das Kohlekraftwerk, das Elektrizitätswerk, der Heizungsfachmann, die Energieef-fizienz

offen **b) Sammeln Sie Komposita mit und ohne …**

offen **c) Spielen Sie mit der ganzen Lerngruppe das „Komposita-Spiel".**

8.1.3. Partner-Quiz zu den Energieeinheiten

Aufgabe 10 **Sprechen Sie mit Ihrem Lernpartner über …**
geschlossen Alle Fragen und Antworten stehen fertig bei A und B

8.2. Energieformen – Erscheinungsformen

Aufgabe 11
geschlossen

Unterstreichen Sie wichtige Stichwörter zu ... und ...

Energieformen	Stichwörter	Übersetzung
mechanische Energie	potenzielle oder kinetische Energie, potenziell: Lageenergie, kinetisch: Bewegungsenergie - Drehbewegung, geradlinige Bewegung	
thermische Energie	Summe der ungeordneten Bewegungs- und Lageenergie messbar durch Temperatur und Druck	
elektromagnetische Energie	Oberbegriff für Energie, die in elektrischen oder magnetischen Feldern gespeichert ist	
Bindungsenergie	chemisch und nuklear; chemisch: Energie, gespeichert in der Verbindung von Atomen zu Molekülen, nuklear: Energie, gespeichert in der Verbindung von Kernbausteinen zu Atomen	

Satzanalyse

Der Beispielsatz auf S. 259 stammt aus dem Lesetext (8.2.) und zeigt eine *fachsprachentypische* Komprimierung von zwei Attributsätzen - verbunden durch den Konnektor „sowie" - in einen Hauptsatz. Vgl. Strukturmodell / Schema.

Aufgabe 12
geschlossen

Zeichnen Sie nach diesem Modell ein Diagramm ...

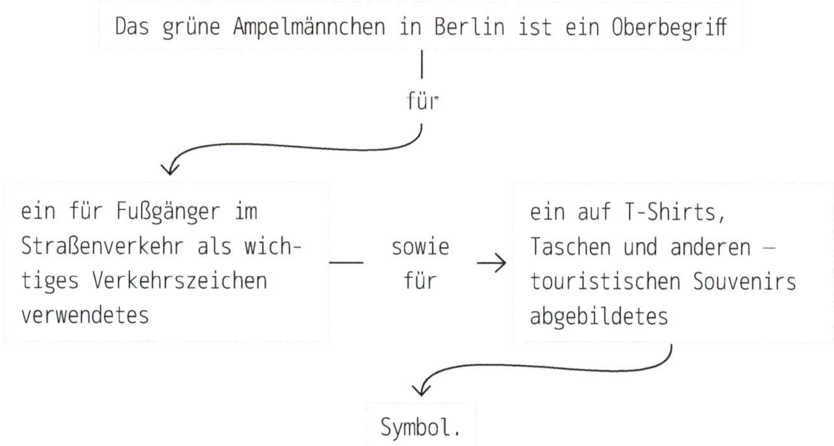

Beispielsatz 2 stammt wieder aus dem Text (8.2.) hat dieselbe Grundstruktur, aber einen anderen Konnektor, nämlich „sowohl – als auch".

Ampelmännchen?   Das Ampelmännchen ist ein beliebtes touristisch-landeskundliches Symbol. Hier steht es, weil es lustig ist, vor allem aber um zu zeigen, dass bestimmte syntaktische Strukturmodelle sich gleichen, unabhängig vom Thema des Satzes.

Aufgabe 13
geschlossen

Verändern Sie den Satz vom Ampelmännchen so, dass ...

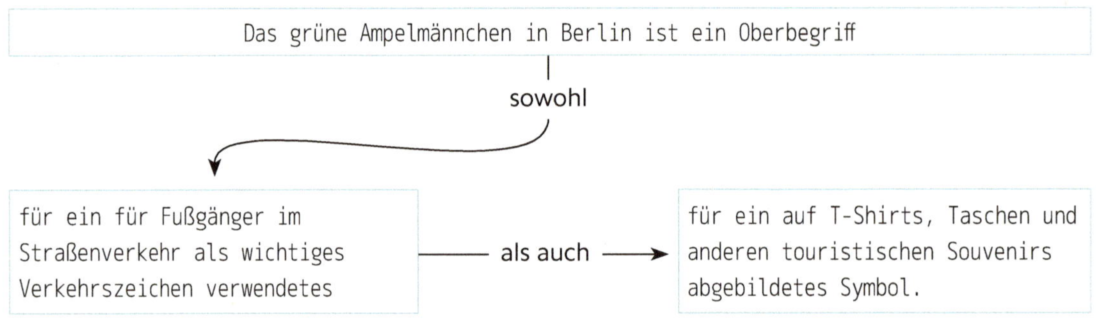

8.3. Energieformen – Energieträger

Aufgabe 14
geschlossen

a) Schreiben Sie noch zwei Definitionen des ...

Redemittel

... zum Definieren

1. Unter ... versteht man ...

Unter Brennwert versteht man die gesamte thermische Energie, die bei der Verbrennung eines Stoffes frei wird.

2. ... ist als ... definiert.

Der Brennwert eines Stoffes ist als die gesamte thermische Energie, die bei seiner Verbrennung frei wird, definiert.

halb offen **b) Vergleichen Sie den Brennwert einiger Energieträger …**
Modelllösung
1. Der Brennwert von frischem Holz ist geringer als der Brennwert von trockenem Holz, so hat 1 kg frisches Holz einen Brennwert von 9,4 MJ, 1 kg trockenes Holz jedoch 19,0 MJ.
2. 1 kg Braunkohle hat denselben Wert wie 1 kg trockenes Holz, nämlich 19,0 MJ.
3. Der Brennwert von Heizöl ist um etwa 30 % größer als der von Steinkohle.

Aufgabe 15 **Ergänzen Sie die fehlenden Wörter und …**
geschlossen Energiebedarf, fossilen, Kohle, gedeckt, Energiesystems, Energieträger, langen, Zeitraum, Strahlungsenergie

Aufgabe 16 **a)   Unterstreichen Sie im Text alle …**
halb offen Wichtige Stichwörter: nicht direkt genutzte Energie, Energie umwandeln, technische Prozesse, natürlicher Zustand, technisch aufbereiteter Zustand, Aufbereitungsprozess, Umwandlungsprozess, Energienutzung, Umwege, Generator, nicht beliebig umwandelbar, Energie gewinnen, Energiewandlungsketten.

offen **b)   Schreiben Sie dann eine Zusammenfassung zur …**
Es sollen nicht einzelne Energieträger beschrieben werden, sondern das Prinzip der *Energieumwandlung*. Deshalb wird nicht die Zusammenfassung „des Textes" gefordert, sondern die Erklärung der drei genannten Stichworte.

Aufgabe 17 **a) Erklären Sie den Begriff „Energiewandlungskette" …**
offen **b) Zeichnen Sie ein Schema für …**
Hier geht es um den *Transfer* und die *Anwendung* des Lernstoffes.

Aufgabe 18 **Formen Sie die komprimierten Satzteile in Relativsätze …**
geschlossen Lösung:
1. Eine Energiewandlungskette, die zu zu Elektrizität, Wärme und Treibstoffen führt
2. Die Kernbindungskräfte, die durch Kernspaltung oder –fusion entstehen
3. Die Umwege, die zur Bereitstellung von Endenergie erforderlich sind
4. Die elektrische Energie, die im Generator gewonnen wurde
5. Die chemischen Energie, die im Brennstoff gebunden ist
6. Ein Umwandlungsprozess, der zu Nutzenergie führt

Schreiben Sie je drei Sätze mit allen Konjunktionen ...

8.4. Energieverbrauch

Beschreiben Sie die Grafik über den ...

Die Grafik informiert über den Primärenergieverbrauch in Deutschland im Jahr 2016. Die Informationen stammen aus folgender Quelle: FNR nach ZSW/AGEB, Januar2017. An erster Stelle steht das Mineralöl mit 34,0 %,an zweiter Stelle kommt Kohle mit 12,2 % Steinkohle und 11,4 % Braunkohle, an dritter Stelle folgt Erdgas mit 22,6 %. Den vierten Rang nehmen die Erneuerbaren Energien mit 12,6 % ein, dicht gefolgt von der Kernenergie mit 6,9 %. Die letzte Position besetzen die sonstigen Energien mit 0,4 %.

Auffällig ist, dass die Primärenergie zum größten Teil aus fossilen Quellen stammt, während die Erneuerbaren einen noch recht geringen Anteil innehaben. Man könnte sagen, dass die Erneuerbaren Energien mit Kernenergie und Kohle noch im Mittelfeld stehen. Leider wird nicht ganz klar, was mit „Sonstige" gemeint ist; sie weisen den letzten Platz auf.

Vergleichen Sie die zwei Grafiken ...

Im Gegensatz zu Abb. 2 über den gesamten Primärenergieverbrauch in Deutschland von 2016 beschreibt Abb. 3 nur den Strommix im Jahr 2016. Diese Grafik über die Quellen der Stromversorgung stammt von der Agentur für Erneuerbare Energien.

Der Anteil an Erneuerbaren Energien macht beim Strommix schon 29 % aus. Dagegen ist aber zu sagen, dass in Deutschland immer noch viel mehr Kohle verstromt wird, der Strom stammt zu 11,4 % aus Braunkohle und zu 12,2 % aus Steinkohle. Im Vergleich zum Primärenergieverbrauch ist auch der Anteil von Kernenergie höher, nämlich 6,9 %. Im Unterschied zu Abb. 2 beträgt Erdgas nur 12,4 % und die Sonstigen etwas weniger, nämlich 6,9 %. Sie stehen aber in beiden Grafiken an letzter Stelle. Eine weitere Besonderheit ist, dass für den Strommix vier verschiedene Erneuerbare Energiequellen genannt werden, nämlich Windenergie, Biomasse, Photovoltaik und Wasserkraft.

Aufgabe 22 offen	**Schreiben Sie sechs Sätze, in denen …** Vorlesen der gefundenen Sätze ist die beste semantische Kontrolle.

Recherchieren Sie: Aus welchen Energiequellen wird …

Aufgabe 23
offen – Typ
Technische
Gespräche

8.5. Regenerative Energieträger

Aufgabe 24
offen

Formulieren Sie sieben Fragen an Ihren …

Die gezielte Informationsentnahme aus Grafik *und* Text nähert sich der „normalen" Rezeption von Fachbüchern an (vgl. Schabbach / Wesselak: Die Zukunft wird erneuerbar. Berlin Heidelberg 2012).

8.5.1. Photovoltaik

Aufgabe 25
geschlossen

a) Schreiben Sie die richtigen Stichwörter in das Diagramm.

Definition des Begriffs „Photovoltaik"	
direkte Umwandlung solarer Strahlungsenergie in elektrische Energie durch Solarzellen	
Vorteile von Solarzellen	**Nachteile von Solarzellen**
Sonnenstrahlung ist frei verfügbar, umwandelbar in hochwertige und fast jede Energieform, universell einsetzbar, geringe Betriebskosten, lange Lebensdauer	hohe Anschaffungskosten geringe Energiedichte der Sonnenstrahlung

halb offen

b) Formulieren Sie aus den Stichwörtern kurze, …

Mögliche direkte Umwandlung
eine direkte Umwandlung ist möglich

frei verfügbare Sonnenstrahlung
die Sonnenstrahlung ist frei verfügbar

geringe Betriebskosten
man hat nur geringe Betriebskosten

ihre Lebensdauer ist lang

die Anschaffungskosten sind hoch

solare Energie wird durch Solarzellen in elektrische Energie umge-

wandelt

man kann sie in fast jede andere Energieform umwandeln

die Sonnenstrahlung hat eine geringe Energiedichte

Aufgabe 26
offen

Die Vorentlastung durch Suchen der zentralen Fachlexik in einem guten (!) Wörterbuch aktiviert das Vorwissen.

8.5.2. Wie funktioniert eine Solarzelle?

Aufgabe 27
geschlossen

Bringen Sie die Sätze in …

1. Die solaren Strahlen dringen in Form von Photonen in die Oberfläche der Solarzelle ein.
2. Die Energiemenge der Photonen wird vom Zellenmaterial absorbiert.
3. Frei bewegliche Ladungsträger werden gebildet.
4. Durch Dotierung wird ein inneres elektrisches Feld aufgebaut.
5. Es trennt die Ladungsträger: Die negativ geladenen Elektronen wandern in Richtung der Vorderseite der Zelle, die positiv geladenen Elektronenlöcher wandern in Richtung der Rückseite der Zelle.
6. Ladungsträger können Elektronen sein, die sich aus der Atomhülle gelöst und eine negative Elementarladung haben.
7. Ladungsträger können auch „Löcher" sein mit positiver Elementarladung; sie sind durch die Entfernung der Elektronen entstanden.
8. Wenn man die beiden Seiten der Solarzelle verbindet, dann fließt ein elektrischer Strom.

Aufgabe 28 **Die schematische Zeichnung zeigt die Funktionsweise ...**
geschlossen

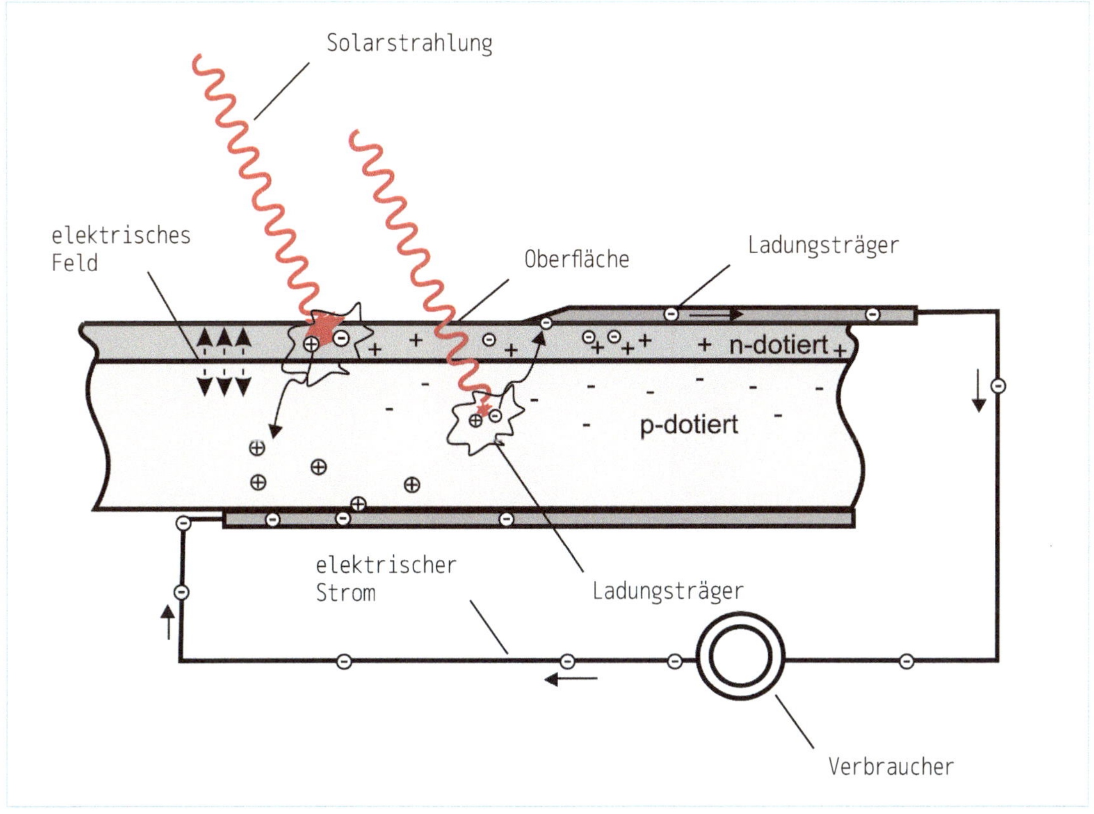

Aufgabe 29 **Formulieren Sie die Fragen zu den gegebenen Antworten.**
halb offen
Modelllösung

Woraus werden Solarzellen hergestellt?

Zur Herstellung von Solarzellen verwendet man Halbleitermaterialien.

Aus welchem Grund ist Silizium dafür geeignet?

Silizium ist geeignet, weil es eine elektrische Leitfähigkeit zwischen ...

Zu welchem Zweck wird Bor zugesetzt?

Bor wird für die gewünschte p-Dotierung zugesetzt.

Was entsteht durch die Dotierung?

Durch die Dotierung entstehen zwei unterschiedliche Halbleiter-Schichten.

Wie ist das n-dotierte Silizium beschaffen?

Im n-dotierten Silizium dominiert die Zahl der negativen Ladungsträger, ...

Und welche Eigenschaften hat das p-dotierte Silizium?

Im p-dotierten Silizium dominiert die Zahl der positiven Ladungsträger, ...

Wohin wandern die Elektronen?

Die Elektronen wandern vom n- in das p-Gebiet.

Und wohin (in welche Richtung) wandern die Elektronenlöcher?

Die Elektronenlöcher wandern vom p- in das n-Gebiet.

Was bleibt zurück?

Zurück bleiben ionisierte Dotierungsatome, die ein elektrisches Feld ...

Welche Wirkung hat das elektrische Feld?

Das elektrische Feld ruft einen Feldstrom hervor, der dem ...

Aufgabe 30
offen

Schreiben Sie Sätze über Solarzellen mit folgenden Verben:

8.5.3. Solarthermie

Aufgabe 31
geschlossen

Entscheiden Sie: Welche Wörter gehören mehr zur ...

naturwissenschaftliche Lexik	technische Lexik
Solarstrahlung Reflexion, Wärmestrom Wärmeträgerfluid photothermische Wandlung	Glas, Rahmen, Dichtung, Seitendämmung, Befestigung, Rückwanddämmung, Rückwandblech, Selektivschicht, Absorber

Aufgabe 32 b)
halb offen

Schreiben Sie zu jedem Abschnitt eine passende Überschrift.

Unterschied zwischen Photovoltaik und Solarthermie

Im Gegensatz zur photovoltaischen Nutzung wandelt die ...

Funktionsweise von Solarthermie

Die Zunahme thermischer Energie im Innern des Solarkollektors ist ...

Photothermische Wandlung als Grundlage der Solarthermie

Grundlage der solarthermischen Energienutzung ist die …

Solarthermische Anlage

Die Absorberschicht mit einer Dicke von nur wenigen 100 µm wird …

Aufgabe 33
geschlossen

Kombinieren Sie die Satzteile, so dass …

2g, 3h, 4f, 5b, 6e, 7a, 8c

Aufgabe 34
halb offen

Schreiben Sie möglichst viele Komposita mit …

Wärmedämmung, Solarkollektor, Absorberschicht, Aluminiumschicht, Kupferschicht, Temperaturschutz, Rückwanddämmung, Energiebedarf, Absorberblech, Solarflüssigkeit, Kupfer- und Aluminiumblech, Korrosionsschutz, Solarstrahlung, Frostschutzmittel usw.

8.5.4. Geothermie

Aufgabe 35
halb offen
Modelllösung

Beantworten Sie die folgenden Fragen mit …

1. Erdwärmesonden und Erdwärmekollektoren erwärmen das Wasser im Boden.
2. Erdwärmesonden reichen bis zu ca 100 Meter Tiefe, während Erdwärmekollektoren auf einer Fläche horizontal liegen und nur 80 bis 160 Zentimeter in die Tiefe reichen.
3. Die Erdwärmepumpe erhöht das Temperaturniveau.
4. Die Wärmeenergie wird in Pufferspeichern gespeichert.
5. Man kann die gewonnene Energie für Warmwasser und für Heizung nutzen.
6. Mit einer Kilowattstunde Strom kann man eine Heizleistung von 4 Kilowattstunden Wärme erreichen.

Aufgabe 36
geschlossen

Ergänzen Sie die fehlenden Wörter.

Meter, Tiefe, Fläche, Zentimeter
übertragen, aufgenommen, erhöht, verdichtet, erwärmen

Aufgabe 37
halb offen
Modelllösung

Formulieren Sie nach dem Beispiel um:

1. Zur Erwärmung des Wassers auf 10 °C kann alternativ auch ein breiter Erdwärmekollektor verwendet werden.
2. Man setzt eine Pumpe ein, damit die Erdwärme von Kollektor oder Sonde auf einen Wärmeträger übertragen wird.
3. Die Wärme wird gesammelt, damit sie für Heizung und Warmwasserbereitung zur Verfügung steht.
4. Zum Erreichen einer Heizleistung ca. 4 Kilowattstunden Wärme benötigt man 1 Kilowattstunde Strom.

5. Damit der Druck erhöht und der Dampf verdichtet wird, setzt man einen elektrischen Kompressor ein.

Aufgabe 38
halb offen
Modelllösung

Formulieren Sie nach dem Beispiel um:

1. Durch Erhöhung des Drucks werden Gase erwärmt.
2. Dadurch, dass man die Erdwärme auf ein höheres Temperaturniveau erhöht, kann sie für eine Heizungsanlage genützt werden.
3. Durch das Speichern der Erdwärme kann sie zum Heizen und zur Warmwasserbereitung benutzt werden.
4. Dadurch dass man zwei Speicher verwendet - einen für Warmwasser und einen für Heizungswasser - kann man praktische Probleme leichter lösen.
5. Durch Mehrfachnutzung des heißen Wassers kann die Effizienz gesteigert werden.

Zu Kapitel 9: Energietechnik 2

Zum Inhalt

In Fortsetzung von Kap. 8 werden exemplarisch drei Themen aus der Energietechnik behandelt: Windenergie, Strombedarf und Stromnetz, Wasserkraft. Die Fragestellungen sind vorwiegend technisch, also für Ingenieure – egal welcher Spezialisierung – nachvollziehbar und anschaulich. Bei den Windkraftanlagen (9.1.) werden die technischen *Prozesse* und die dazu nötigen *Spezialisierungen* thematisiert. Beim Teil zum Strombedarf und -netz (9.2.) geht es um *grundsätzliche Fragen* der Stromversorgung. Zum Thema Wasserkraft (9.3.) werden zunächst vier Typen von Wasserkraftwerken mit unterschiedlicher Technik unterschieden, dann folgt ein hochmodernes Beispiel für eine Kombination von Kraftwerk und Speicher (Pumpspeicherwerk). Am Ende stehen konkrete Berechnungen und technische Informationen über Wasserturbinen mit *authentischen Ingenieursaufgaben*.

Zur Sprache

Das Sprachniveau entspricht B2 mit Richtung C1 und nähert sich immer mehr einem normalen Fachbuch an.

Fachlexik   Für den großen Wortschatz gilt dasselbe wie in Kap. 8: Eine Vielzahl von Übungen unterstützt das Verstehen und Verwenden der *Lexik im Kontext*: klassische LV-Aufgaben wie Multiple-Choice, Ordnen von Textabschnitten (A1, A6), Zuordnung von Bild und Wort (A2, A15, A19, A26, A29), von Begriff und Erklärung / Bedeutung / Stichworten (A7, A8, A28) von Satzteilen (A16, A22) Kombination mit grammatischen Strukturen (A3, A4, A9, A10), Umformulierungen usw. Bei der authentischen Diskussion technischer Fragen kann dann diese Fachlexik konkret eingesetzt werden.

Grammatik   Sprachstrukturell wird das Thema Nominalstil und Konnektoren vertieft, durch die Art der Texte „gewöhnen" sich die Lerner an den fachsprachlichen Stil. Zur weiteren Unterstützung der Strategie des Zerlegens komprimierter Sätze werden Genitivsätze (A2, A3), Relativsätze und -pronomina (A14) mit einer entsprechenden Kognitivierung sowie Passiv- und Reflexivsätze (A20) wiederholt. Die untrennbare Verknüpfung von Syntax und Semantik wird am Beispiel der Varianten zur Angabe von Zweck und Ziel deutlich (A9, A10). Eine gute Übung zur Produktion elaborierter, korrekter Aussagen ist die Kombination von vorgegebener sprachlicher Struktur und fachlich adäquater Ergänzung des Inhalts (A11, A12, A14, A18, A19, A20) sowie alle Möglichkeiten zu Recherche, Transfer und Anwendung.

9.1. Windenergie

9.1.1. Windkraftanlagen

Aufgabe 1
geschlossen

Steht das im Text? Kreuzen Sie an.
1, 3, 5, 6 ja, 2, 4, 7 nein

Aufgabe 2
geschlossen

Ordnen Sie die Bestandteile der …

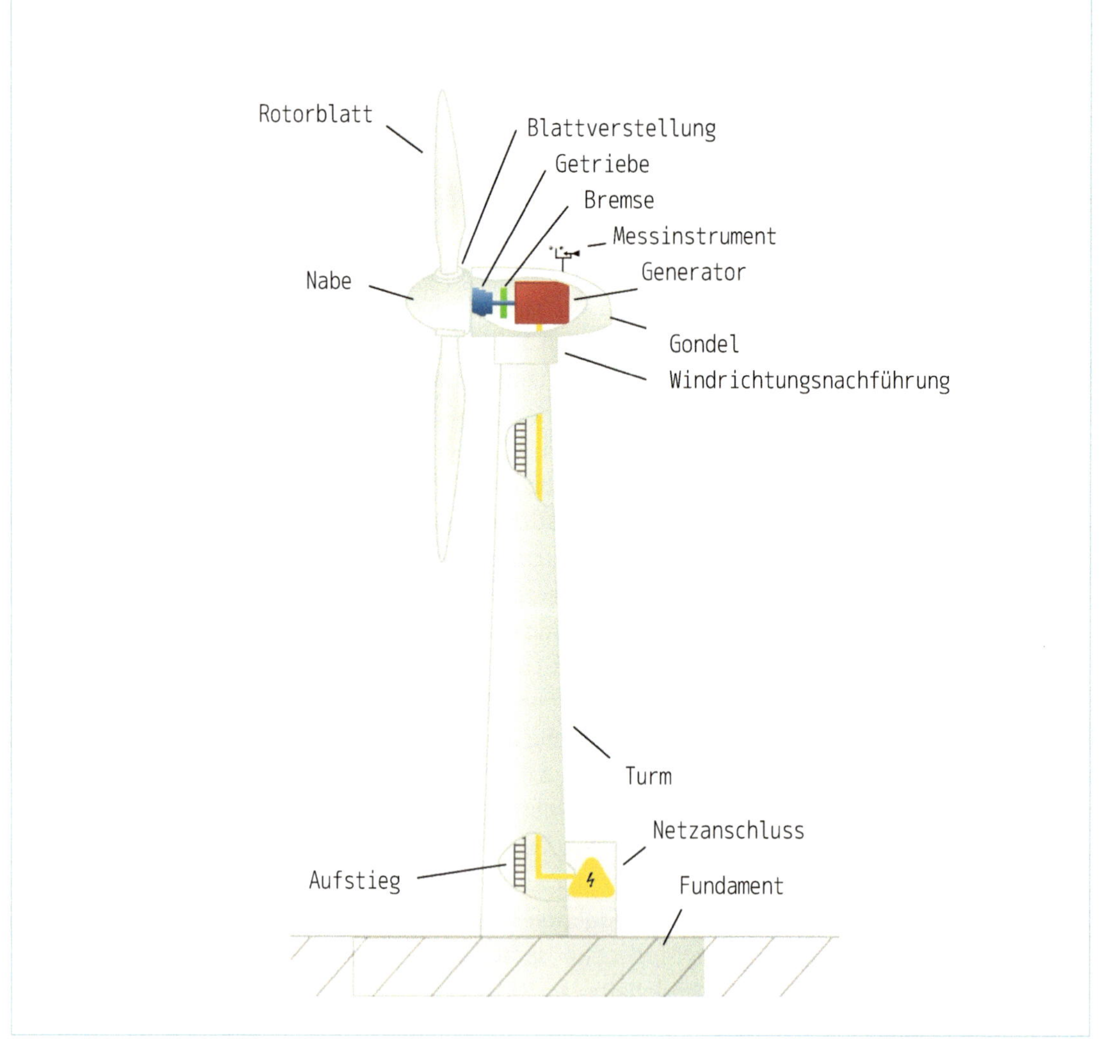

Aufgabe 3
geschlossen

a) Unterstreichen Sie im Text alle Genitiv …

b) Welche Genitivkonstruktionen lassen sich anders …

a) und b) müssen hier nicht extra angegeben werden

halb offen
Modelllösung

c) Schreiben Sie Genitiv-Formen aus …

die Geschichte der Technik, die Erzeugung von mechanischer Arbeit, der Einsatz einfacher Windräder, die Form eines Flugzeugflügels, die Strömung der Luft, eine Bewegung des Generators, die Produktion von elektrischer Energie, die Höhe der Nabe, der Durchmesser des Rotors, die Geschwindigkeit der Strömung

geschlossen

d) Aus welchen dieser Genitiv-Formen kann …

Technikgeschichte, Luftströmung, Nabenhöhe, Rotordurchmesser, Strömungsgeschwindigkeit

Aufgabe 4
geschlossen

Ergänzen Sie die Präpositionen.

(1) für, (2) von, (3) von, (4) bis, (5) von, (6) von, (7) über, (8) an, (9) in, (10) über, (11) nach, (12) in

Aufgabe 5
offen

Formulieren Sie zehn Fragen, die …

Die Aufgabe, Fragen zu formulieren, die mit Hilfe eines gegebenen Textes beantwortet werden können, ist eine der effektivsten Übungen zur Verständniskontrolle und schult gleichzeitig die für Diskussionen unerlässliche kommunikative Strategie des gezielten Fragens. In Lerngruppen, die an Partnerarbeit gewöhnt sind, kann man die inhaltliche Kontrolle ganz den Lernpartnern überlassen; andernfalls lässt man zuerst die Fragen notieren und prüft sie dann im Plenum.

9.1.2. Welche Ingenieurleistungen stecken in einer Windenergieanlage?

Aufgabe 6
halb offen

a) Zeichnen Sie das passende Symbol in …

Die Reihenfolge und die Zuordnung der Symbole ist festgelegt, die Überschriften können variieren. Die Lösungen für 6a und 6b sind hier kombiniert angegeben.

b) Bringen Sie die Textabschnitte in die …

⚡ 7. Anschluss ans Hochspannungsnetz

Nach dem Bau und der Installation der WEA stellt sich schließlich …

🏳 1. Standortbestimmung

Am Anfang steht die Standortbestimmung. Messtechniker sind …

⛑ 4. Bau des Fundaments

Bei der Installation einer WEA sind Bauingenieure die Spezialisten …

🚚 3. Logistik für den Transport der WEA

Der Transport einer WEA vom Werk zum endgültigen Standort ist …

🔧 5. Aufbau der ganzen Anlage

Für den Aufbau einer WEA sind Maschinenbauingenieure …

⚛ 2. Entwicklung der richtigen Werkstoffe

Da die immer größer werdenden Rotoren massiven Belastungen …

⚙ 6. Optimale Leistung durch Regelungstechnik

Um sicherzustellen, dass sich der Rotor immer nach dem Wind …

Aufgabe 7 geschlossen	**Ergänzen Sie die Präpositionen in den zwei Begriffserklärungen.** **Anemometer:** (1) zur, (2) in, (3) in, (4) in, (5) in, (6) von **Epoxidharz:** (7) aus, (8) durch, (9) nach, (10) zur, (11) in
Aufgabe 8 halb offen Modelllösung	**a) Was bedeuten die langen Komposita …** **b) Ergänzen Sie in der linken Spalte oben …**

Thema: Standort	**Bedeutung**
Standortbestimmung, endgültiger Errichtungsstandort	Man sucht den richtigen Standort, an dem die WEA dann errichtet werden soll.

Thema: Wind und Wetter	**Bedeutung**
Windverhältnisse, Windrichtung und -geschwindigkeit, Witterungseinflüsse, …	Wie stark, wieviel und aus welcher Richtung weht der Wind am Standort? Man muss mindestens 1 Jahr lang messen, um keine Fehler zu machen, denn je nach Jahreszeit kann der Wind anders wehen.

Thema: Werkstoffe	Bedeutung
Erosions- und Biegebelastungen, glas- und kohlefaserverstärkte Kunststoffe, Fertigteilbetontürme	Rotoren müssen extreme Belastungen aushalten (z. B. Erosion durch Wind, Wasser, Druck), sie dürfen nicht rosten und brechen. Eine geeigneter Werkstoff sind Kunststoffe, die mit Glasfasern oder Kohlefasern verstärkt wurden. Hohe Türme baut man auch aus Beton (Fertigteile).

Thema: Transport	Bedeutung
Engpässe, Verwaltungsaufwand, große logistische Herausforderung, Genehmigungen für Lasttransporte einholen	Für den Transport der Bauteile müssen viele Schwierigkeiten überwunden werde, geografisch und administrativ: Gibt es Platz? enge Kurven oder Straßen? sind die Brücken zu schwach? Wer ist wofür verant-wortlich? Wo bekommt man von wem eine

Thema: Anschluss, Anlagen	Bedeutung
Anschluss ans Hochspannungsstromnetz, Drehzahlanpassung	Die Windenergie muss in Strom umgewandelt werden und der muss zu den Verbrauchern kommen. Das Getriebe muss die Drehzahl vom Rotor (langsam) und vom Generator (schnell) einander anpassen.

Aufgabe 9
halb offen

Wandeln Sie die Sätze um und ergänzen Sie inhaltlich.
Transfer und Anwendung: In A9 und A10 sind die Vorgaben nur mehr grammatisch; passende Inhalte können (auch anhand der vielen Textinformationen) selbst gefunden werden.

Spalte 1 (damit):
Damit man den Strom zum Verbraucher bringt, ...
Damit Lasten transportiert werden können, ...
Damit ... , muss häufig noch eine neue Straße gebaut werden.
Damit sichergestellt ist, dass sich der Rotor immer nach dem Wind richten kann, ...
Spalte 2 (um zu + Infinitiv):
Um jahreszeitlich bedingte Fehleinschätzungen zu vermeiden, ...
Um die Oberfläche der Rotorblätter wirkungsvoll vor Witterungseinflüssen zu schützen, ...

Aufgabe 10
halb offen

Ergänzen Sie die Tabelle, indem Sie ...
Spalte 1 (verbal):
Um Brücken und enge Straßen zu verbreitern ...

Damit Brücken und enge Straßen verbreitert werden (können) ...
Um alle Komponenten einer WKA zu transportieren ...
Damit die Lasttransporte aller Komponenten der WKA durchgeführt werden
können ...
Spalte 2 (nominal):
Zur Erzeugung / für die Erzeugung von Windenergie ...
Zur / für die Sicherstellung, dass ...
Zum / für den Schutz der Oberfläche der Rotorblätter ..
Zur / für die Anpassung der Drehzahl ...

9.2. Strombedarf und Belastung des Stromnetzes

Aufgabe 11
geschlossen

a) Welche Synonyme sind beim Thema ...

Strombedarf, Last

offen

b) Erklären Sie die Grundbegriffe der Wirtschaft: ...

geschlossen

c) Suchen Sie im Text die wichtigsten Schlüsselwörter, mit ...

Fachlexik	Schlüsselwörter zur Definition
das Versorgungsgebiet	*ein bestimmtes Gebiet, die Stromversorgung*
das Stromsystem	Kraftwerk, Netze, Verbraucher
die Grundlast	Strombedarf, der immer vorhanden ist
die Mittellast	geht über die Grundlast hinaus, variiert ja nach Tageszeit, ist aber zu bestimmten Zeiten ziemlich regelmäßig
die Spitzenlast	kurzfristig benötigte elektrische Leistung, große Schwankungen
der Tageslastgang	der Strombedarf für einen ganzen Tag, für den kommenden Tag meist gut prognostizierbar

Aufgabe 12
halb offen

Beschreiben und interpretieren Sie die Grafik ...
a), b) und c) sind zu einer Modelllösung zusammengefasst.
Die Grafik „Stromnetz – Lastkurve" veranschaulicht den Verlauf des
Stromverbrauchs in einem bestimmten Versorgungsgebiet für 24 Stunden.

Auf der x-Achse ist die Zeit abgetragen, von 0 Uhr bis 0 Uhr am nächsten Tag, in Intervallen von je 4 Stunden. Auf der y-Achse sieht man Kraftwerksleistung, gegliedert in Grund-, Mittel und Spitzenlast: Mit Grundlast bezeichnet man den Strombedarf, der immer vorhanden ist. Die Mittellast bedeutet den Anteil der elektrischen Leistung, der in dem Gebiet über die Grundlast hinaus zu verschiedenen Tageszeiten benötigt wird; er ist meist ziemlich regelmäßig. Unter Spitzenlast versteht man sehr unregelmäßige, kurzfristige Schwankungen des Bedarfs.

Während die Grundlast 24 Stunden am Tag gleich bleibt, schwanken Mittel- und Spitzenlast. Von Mitternacht bis etwa 5 Uhr morgens ist die Mittellast ganz gering, die Spitzenlast gleich Null. Ab dem frühen Morgen steigen Mittel- und Spitzenlast steil an und erreichen fast die doppelte Höhe der Grundlast, um 8 Uhr steigt die Kurve der Spitzenlast steil weiter auf ihren höchsten Punkt. Die Mittellast bleibt eher gleichmäßig, sie sinkt mittags leicht ab und ist am späten Nachmittag (ca 17 Uhr) noch einmal so hoch wie morgens um 8 Uhr, dann sinkt sie bis Mitternacht langsam ab. Die Spitzenlast zeigt 3 kurzfristige, hohe Spitzen (um 8 Uhr, kurz vor Mittag und um 17 Uhr), dann verläuft sie fast gleich wie die Mittellast – sie sinkt langsam fast bis zur Höhe der Grundlast herab.

Die Gründe für diesen Verlauf hängen vermutlich mit dem Arbeits- und Lebensrhythmus in diesem Gebiet zusammen: Ich denke, dass morgens Industrieanlagen und Rechenzentren „hochgefahren" werden. Es ist wahrscheinlich, dass die Leute morgens aus dem Haus gehen (zur Arbeit, zum Unterricht usw.). Eine naheliegende Erklärung für den Spitzenverbrauch am Abend ist, dass dann viel Strom für Licht, Rechner, Haushalte, Verkehr usw. benötigt wird. Die Spitze am frühen Mittag hängt vielleicht mit der Industrie zusammen.

9.3. Wasserkraft

Aufgabe 13
geschlossen

Formulieren Sie aus den folgenden Stichpunkten eine ...
Ein Wasserkraftwerk ist ein Kraftwerk, das aus dem strömenden Wasser elektrische Energie gewinnt.

Grammatik-
Wiederholung
Relativsätze

Dies ist eine der wenigen Passagen, in denen Regeln zu einem grammatischen Phänomen aufgeführt werden. *Ein* Grund ist die Verständnissicherung: Die Pronomina *welche, -r, -s* sind meist als Fragepronomen bekannt, als Relativpronomen weniger geläufig, doch in Fachtexten werden sie häufig eingesetzt.

Und zu der nützlichen Strategie der Auflösung komplexer Nominalphrasen muss man die Relativsätze beherrschen. Dazu ist eine knappe Kognitivierungsphase mit grammatischer Terminologie (Genus, Numerus, Kasus ...) sinnvoll.

Aufgabe 14
geschlossen

a) Ersetzen Sie in den folgenden Sätzen alle Formen ...
- Es ist zunächst mechanische Energie, welche dem Wasser ...
- Das Wasser, welches auf einem geographisch höher gelegenen ...
- Die mechanische Energie dient zum Antrieb eines Generators, welcher ...
- Wasserkraftwerke gehören zu den wichtigsten Anlagen, mit welchen ..

halb offen

b) Setzen Sie in den Beispielsätzen zur Grammatikwiederholung ...
S. 299: Du bist genau der Ingenieur, mit *welchem* ich diskutieren möchte, weil ...

Aufpassen – kein Genitiv!

Der Genitiv ist für *welche, -r, -s* nicht gebräuchlich, s. die folgenden nicht korrekten Sätze *(*die Frau, von welcher die Ideen immer überzeugen ..., *der Techniker, von welchem die Arbeit patentiert wurde)*, also hier bleiben die Genitiv-Formen *deren* und *dessen*.
Wichtig ist hier, das grammatische Satzmodell mit einem angemessenen Inhalt zu ergänzen, damit eine sinnvolle Aussage entsteht.

offen

c) Prüfen Sie in den Beispielsätzen nach, ob ...

9.3.1. Typen von Wasserkraftwerken

Aufgabe 15
geschlossen

Lesen Sie die Kurzbeschreibungen der ...

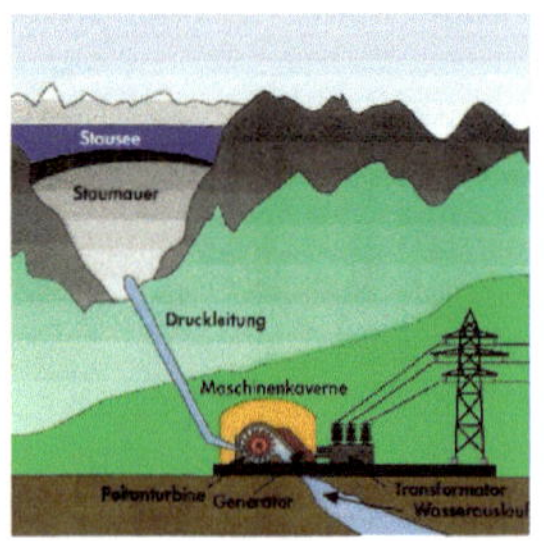

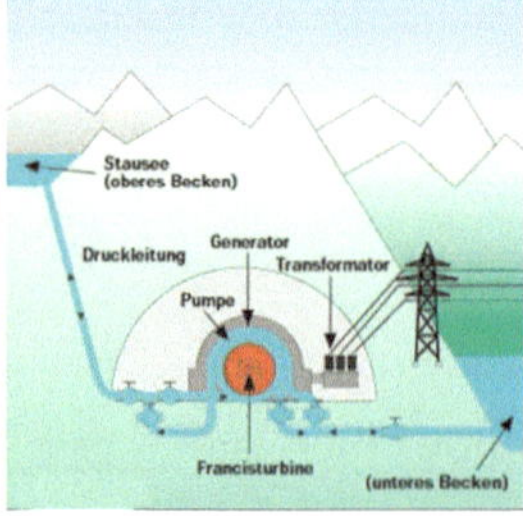

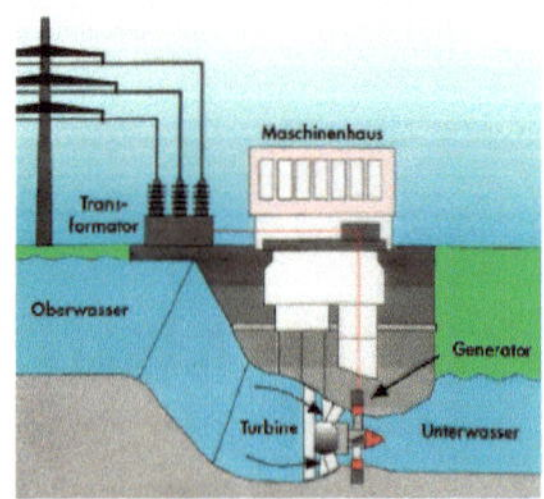

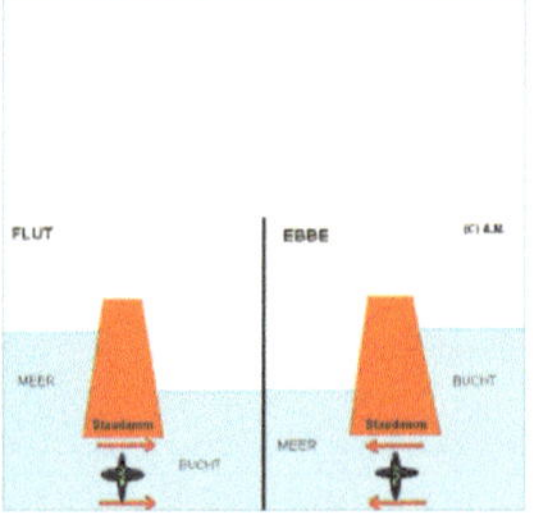

Wasser-Speicherkraftwerk   Pumpspeicherkraftwerk   Laufwasserkraftwerk   Gezeitenkraftwerk

Aufgabe 16
geschlossen

Ordnen sie die Satzteile einander zu.
2a, 3d, 4e, 5h, 6b, 7f, 8g

Aufgabe 17
offen

Überlegen Sie, welcher Kraftwerkstyp für die Grundlast ...

9.3.2. Pumpspeicherwerke

Aufgabe 18
halb offen

a) Suchen Sie eine schnelle Antwort: Warum …

Sie können Strom erzeugen und – wenn zu viel Strom da ist – diesen
in Form von Wasser zwischenspeichern. Sie sind also Kraftwerk
und Speicher.

geschlossen

b) Ergänzen Sie die Sätze mit Begriffen aus dem Text.

(1) speicherbar, (2) ausgleichen, (3) verändern / bedingen,
(4) planbar, (5) unterschiedlichen, (6) Konventionelle, (6) Kohle,
(7) erneuerbare, (8) Wetterlage, (8) planen, (9) kurzfristige,
(10) stabilisieren, (11) erzeugen, (11) speichern, (11) pumpen,
(12) Netz

Aufgabe 19
halb offen

a) Erklären Sie anhand der Abbildung 5 den Begriff …

Wenn Wasser aus dem Speicherbecken zur Turbine fließt und dadurch der
Generator angetrieben wird, dann erzeugt er Strom (grüner Pfeil). Wenn
aber dem Generator Strom zugeführt wird, dann arbeitet er als Motor,
pumpt Wasser und speichert so Energie (blauer Pfeil).

geschlossen

b) Im folgenden Text sind fünf Fehler versteckt. …

Funktionsweise eines *PSW*

Der „reversible Anlagenbetrieb" ist das wichtigste Kennzeichen eines PSW.
Und dies bedeutet: Wenn ein Generator durch eine Turbine angetrieben
wird, ~~verbraucht~~ erzeugt er Strom. Wenn dem Generator jedoch Strom
zugeführt wird, arbeitet er als Motor und kann eine Pumpe antreiben.
Ein Motorgenerator und eine Pumpe sind auf ~~zwei~~ eine Welle~~n~~ mon-
tiert. Die ~~Kombination~~ Einheit von Motorgenerator und Pumpe hat zwei
Betriebsarten. Der Wirkungsgrad eines PSW ist abhängig von Geografie
und Technik und beträgt in modernen PSW etwas ~~weniger~~ mehr als 80 %.
Bei Strom~~überschuss~~ bedarf arbeitet der Motorgenerator als Generator
und erzeugt, von der Turbine angetrieben, elektrischen Strom.

Aufgabe 20
geschlossen

Passiv oder reflexiv? Bilden Sie korrekte …

• In 90 Sekunden kann der Motorgenerator von Stromerzeugung auf Pump-
  leistung umgeschaltet werden.
• Die potenzielle Energie des gestauten Wassers wird ausgenutzt.
• Verschiedene Wasserkraftwerke unterscheiden sich in der Art der Nut-
  zung.
• Gebirgige Gegenden eignen sich für den Bau von Staudämmen.

- Die große Fallhöhe des Wassers wird in hohe Geschwindigkeit umgesetzt. (Auch: setzt sich … um)
- Technische Komponenten werden eingesetzt.
- Die als Mittellast bezeichnete Stromnachfrage setzt sich aus verschiedenen erneuerbaren Energieformen zusammen.
- Bei Stromüberschuss wird die Pumpe vom Motorgenerator angetrieben.

Aufgabe 21
geschlossen

Setzen Sie die richtigen Endungen, Präpositionen und Artikel ein.

(1) für, (2) in, (3) -e (= elektrische), (4) vor, (5) in, (6) -en (gebirgigen), (7) in, (8) der, (9) in, (10) Bei, (11) -em (geringem), (12) -ter, (13) dazu, (14) von, (15) einem (**Vorsicht Fehler:** der Strich sollte nach „ein" sein), (16) in, (17) -er (höher), (18) -es (gelegenes), (19) Bei, (20) -em (hohem), (21) am, (22) um, (23) mit, (24) -en, (25) -en, (26) des, (27) im, (28) -en, (29) Der, (30) -er, (31) über

Aufgabe 22
geschlossen

a) Bilden Sie Sätze, um die Funktionen der Kraftwerkskomponenten …

- Der Rechen verhindert, dass große Gegenstände oder Fische in die Schaufeln der Turbine geraten.
- Die Rohrleitung leitet das Wasser vom Oberwasser zum Unterwasser.
- Die Turbine wandelt die kinetische Energie des Wassers in Dreh- oder Rotationsenergie um.
- Der Generator erzeugt aus Rotationsenergie elektrischen Strom.
- Das Maschinenhaus schützt Turbinen, Generatoren und Steuerungselektronik vor Witterungseinflüssen.
- Der Diffusor reduziert die Geschwindigkeit des abströmenden Wassers und steigert so den Druck …
- Der Transformator ändert Spannung und Stromstärke.

halb offen

b) Formen Sie die Sätze in Passivsätze um. …

Passiv nicht möglich: Der Staudamm ist ein Bauwerk …

mögliche Passivsätze:

- Durch den Rechen wird verhindert, dass große Gegenstände … geraten.
- Durch die Rohrleitung wird das Wasser vom Oberwasser zum … geleitet.
- Mit der Turbine wird die kinetische Energie des Wasser in … umgewandelt.
- Durch den Generator wird aus Rotationsenergie elektrischer Strom erzeugt.
- Durch das Maschinenhaus werden Turbinen …. vor Witterungseinflüssen geschützt.
- Durch den Diffusor wird die Geschwindigkeit … reduziert und der Druck gesteigert.
- Durch den Transformator werden Spannung und Stromstärke geändert.

Aufgabe 23
offen –
Typ technische
Gespräche

Recherche

In Thüringen befindet sich das größte ...

9.3.3. Wasserturbinen

Aufgabe 24
geschlossen

Schreiben Sie die Einheit hinter das Formelzeichen.

$P_{Turbine} =$ Turbinenleistung

$\eta_T =$ 0,94 (Wirkungsgrad)

$p =$ kg/dm³ (Dichte)

$g =$ m/s² (Erdbeschleunigung)

$h =$ m (Fallhöhe)

$V =$ m³/s (Volumenstrom)

Aufgabe 25
geschlossen

Suchen Sie in einer Formelsammlung die Werte für die ...

```
p = 1 kg / dm³          Dichte von Wasser
n_T = 82 %              Wirkungsgrad
v = 150 m³/s            Wasservolumen
h = 25 m                Höhenunterschied
g = 9,81 m/s²           Erdbeschleunigung
```

Ergebnis:
Leistung dieses Wasserkraftwerks = 301 657 500 kW = 301 657,5 MW

Aufgabe 26
halb offen
Modelllösung

Vergleichen Sie diese beiden Turbinentypen und ...

Die Peltonturbine dreht sich vertikal, die Schaufeln sind halbkugelförmig. Das Wasser strömt in steilem Winkel auf das Turbinenrad, die Fallhöhe ist groß. Daraus resultiert eine hohe Fließgeschwindigkeit.

Das Turbinenrad der Kaplanturbine dreht sich horizontal, die Schaufeln haben die Form von Flügeln, ähnlich wie bei einem Schiffspropeller. Das Wasser strömt in flachem Winkel auf die Flügel des Turbinenrades, die Fallhöhe ist niedrig. Daraus resultiert eine niedrige Fließgeschwindigkeit.

Aufgabe 27
offen
Typ: technische
Gespräche

Recherche

Aufgabe 28
geschlossen

Ergänzen Sie die Tabelle mit Hilfe des Kennlinienfeldes.
Zeile 1: mittelgroß, groß; Zeile 2: groß, niedrig

Kennlinienfeld für
Wasserturbinen

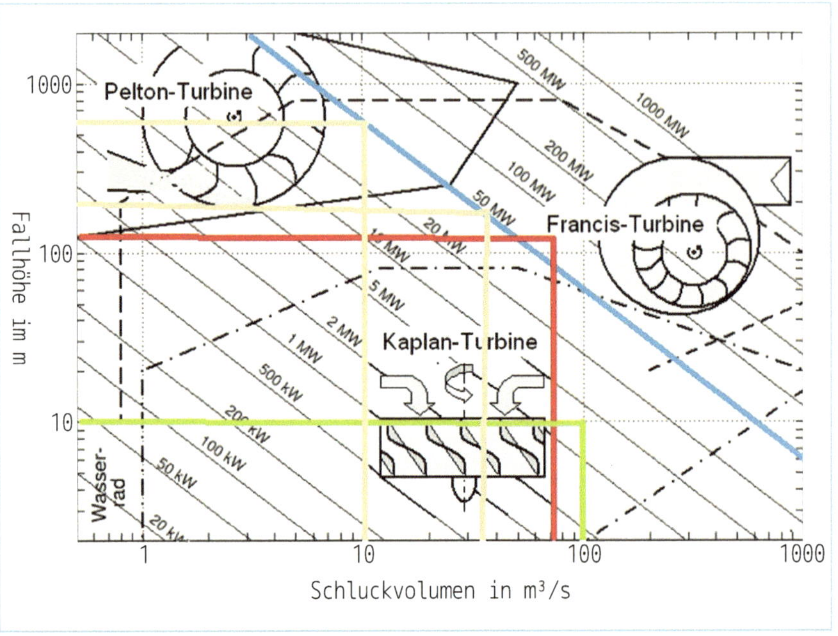

Aufgabe 29
geschlossen

Entnehmen Sie der Grafik „Kennlinienfeld für Wasserturbinen" ...
a) Wie groß sind die Leistungen der Francis-Turbine und der ...
b) Welche Turbinen können eingesetzt werden, um eine Leistung ...

Achtung Fehler!

In der Tabelle (im Lehrbuch) muss es in der 1. Zeile (b. Pelton) heißen:
30 m²/s Schluckvolumen (nicht 300)!

1. Pelton	100 m Fallhöhe 30~~0~~ m³/s Schluckvolumen	Ca. 25 MW
2. Francis	200 m Fallhöhe 70 m³/s Schluckvolumen	Ca. 70 MW
3. Kaplan	10 m Fallhöhe 100 m³/s Schluckvolumen	Ca. 12 MW
4. Pelton (mögliche Lösung)	600 m Fallhöhe 10 m³/s Schluckvolumen	Ca. 50 MW
5. Francis (mögliche Lösung)	200 m Fallhöhe 35 m³/s Schluckvolumen	Ca. 50 MW

Zu Kapitel 10: Lösungen aus der Natur für die Automatisierungstechnik und Industrie

Zum Inhalt

Bionik
Der interdisziplinäre Ansatz der Bionik (*Bio*logie und Tech*nik*) stellt eines der attraktivsten und spannendsten Themen der modernen Wissenschaft und Technik dar. Die Frage, was man von der Natur lernen kann, um effiziente und intelligente Lösungen für technische Probleme zu finden, ist für alle interessant und einsichtig. Jeder weiß auch ohne Spezialkenntnisse über Strömungseigenschaften von Wasser und Luft, dass ein Schiff die Form eines Fisches und ein Flugzeug die Form eines Vogels hat. Wie vielfältig jedoch in dieser Richtung momentan weiter gearbeitet wird, das ist faszinierend und neu. Die moderne Bionik als Prototyp für ein interdisziplinäres Fach ist besonders nahe an der Praxis und spielt vor allem für innovative Technologien eine zentrale Rolle.

Firma Festo
Deshalb fokussiert das Kapitel 10 auf die enge Verbindung von Theorie und Praxis, von technischen Herausforderungen und Lösungen. Exemplarisch und anschaulich wird dies am Beispiel eines konkreten Unternehmens, der Firma Festo gezeigt. Die schönen Bilder, die uns das Unternehmen freundlicherweise zur Verfügung gestellt hat, sprechen für sich; die Links bieten viele Ansatzpunkte für gezielte Rechercheaufgaben, die einerseits das Thema vertiefen und andererseits für die Veranschaulichung von innovativer, bionisch inspirierter Technologie sehr geeignet sind.
Die Bearbeitung des Kapitels erfordert daher einen Zugang zum Internet.

Zur Sprache

Nominalstil
Das Kapitel ist eher „textlastig" und sprachlich anspruchsvoll, vom Niveau her entspricht es einer guten Mittelstufe, also B2. Die Texte sind relativ *abstrakt* und *komprimiert*, in fachtexttypischem Nominalstil gehalten; sie enthalten zahlreiche Beispiele für Attributsätze, lange Linksattribute und kompakte Sätze. Die Strategie, solche komplexen Satzkonstruktionen in mehrere kleinere Sätze, in Neben-sätze (u. a. Relativsätze) umzuwandeln, damit die Bezüge und Inhalte eindeutig klar werden, ist nichts Neues (vgl. Kap. 2, 6, 8, 9), wird hier jedoch wieder aufgenommen und mit längeren, komplizierteren Sätzen intensiv trainiert.

Wortschatz - Abstrakta
Die Texte zum Thema Bionik und Innovationstechnologien enthalten ebenfalls einen großen Wortschatz, mit vielen – oft abstrahierenden – Komposita (z. B. *Optimierungseffekt, Steuerungstechnik, Industriesegment, Prozessautomation, Servicerobotik*). Dabei geht es weniger um die Benennung einzelner technischer Teile, sondern um die Begrifflichkeit zur Beschreibung für

Prozesse, Prinzipien, Verfahren etc. Abstraktion in der Ausdrucksweise in Verbindung mit generalisierender Lexik ist nun einmal ein wichtiges Merkmal fachlich anspruchsvoller Texte; diese Sprache entspricht einem interdisziplinären Ansatz, der Prinzipien aus verschiedenen Wissenschaften unter einer gemeinsamen Fragestellung miteinander kombiniert.

Zur Entschlüsselung solcher Begriffe dienen sprachstrukturelle Übungen (A7, A17), Diskussionen, wie man den Inhalt übersetzen könnte, vor allem aber die vielen Wiederholungen und Anwendungen der Lexik im Kontext.

Wortschatz - Konkreta

Neben den Abstrakta gibt es auch viele konkrete Wörter, (z. B. *biegen, halten, greifen, schütten)*, die meist durch Gesten, aber auch durch Skizzen eindeutig vermittelbar sind. Wichtig ist der Hinweis auf die präzise, oft verengte Bedeutung eines fachsprachlichen Begriffs. So hat beispielsweise das Verb *„halten"* allgemeinsprachlich sehr viele Bedeutungen (s. Duden), im Kontext (vgl. alle Infos zum NanoForceGripper) aber eine eng definierte, feste Bedeutung. Zu solchen Verben gibt es dann wieder systematische Abstrakta (z. B. *greifen – Greifgut, schütten - Schüttgut , leere Flaschen – Leergut)*. Wie wichtig und nützlich die häufigen Hinweise zur Sprachsystematik (Wortfelder, Wortverwandtschaften, Ableitungen etc.) sind, ist ein zentraler Punkt beim Wortschatzlernen.

Wortschatz -Englisch

Viele Texte, vor allem die zum Unternehmen Festo, zeigen auch, wie in bestimmten Bereichen die englische Sprache in das Deutsche eindringt. So sind z. B. die Bezeichnungen für die vorgestellten Produkte der Firma Festo alle gleichsam Eigennamen, die aus englischen Wörtern gebildet wurden (z. B. *NanoForceGripper, Handling Assistent)*. Es handelt sich dabei um firmenspezifische, patentierte Namen, die das Unternehmen seinen Produkten gegeben hat; sie sind also vorgegeben und nicht veränderbar. Das Eindringen englischen Vokabulars in die deutsche Sprache ist nicht unbedingt kritiklos zu sehen (Stichwort „Denglisch"), in jedem Fall ist dies aber eine Realität der gegenwärtigen Sprachentwicklung und gehört von daher in eine deutsche Sprachausbildung auf fortgeschrittenem Niveau. Vielleicht dienen Beispiele für solche Phänomene auch als Anlass zur Frage, ob die Verwendung englischer Wörter immer angemessen und notwendig sein muss. Diskutieren sollte man auch Parallelen in anderen Sprachen und vor allem die Gründe für diese Tendenz.

Zur Didaktik

Didaktisch-methodisch enthält das Kapitel vielfältige Anregungen und Übungen zur Informationsverarbeitung, zur Textentschlüsselung sowie Lesestrategien für sprachlich Fortgeschrittene. Damit wird der umfangreiche Wortschatz immer wieder im Kontext verwendet, sowohl in Bezug auf die semantische Ebene wie z. B. die Zuordnung von Ober- und Unterbegriffen (A9), inhaltliche Fragen (A2, A3, A5, A6b, A7, A9, A10, A11, A12, A14, A18, A21, A24) als auch mit Fokus auf syntaktische , sprachstrukturelle Formen (A4, A5, A8, A17, A22). Oft sind auch beide Ebenen miteinander verwoben; die wiederholte Verwendung der Begriffe aus der Bionik und Automatisierungstechnik dient der Verständnissicherung durch Kontextualisierung sowie der Memorisierung (Automatisierung im Gedächtnis).

Und noch einmal: Ein Internetzugang ist unbedingt notwendig, denn die vielfältigen Recherche-Aufgaben (A2, A13, A14, A16, A26) sind wichtiger Bestandteil des Kapitels über technische Lösungen, die von der Natur „abgeschaut" wurden.

10.1. Bionik

Aufgabe 1
offen

Beschreiben Sie, was Sie auf dem Bild …

Das Bild ist gleichsam ein Rätsel als Einstieg in das Thema. Eine Sammlung des Vorwissens über bionische Prinzipien und Beispiele bietet sich ebenfalls an. Um gleich zu Anfang mit anschaulichem Material zu arbeiten, folgt darauf eine Rechercheaufgabe mit zahlreichen Bildern zur Auswahl.

Aufgabe 2
geschlossen

Suchen Sie aus der Liste bionischer Vorbilder das …

Selbstreinigende Oberflächen (Lotus-Blatt → Fassadenfarbe)

Aufgabe 3
halb offen
Modelllösung

Lesen Sie den Text und beantworten Sie die Fragen:

a. Das Wort Bionik ist eine Zusammensetzung aus den Wörtern Biologie und Technik.

b. Das Ziel ist die Lösung technischer Fragen, indem Erkenntnisse über Vorbilder aus der Natur auf die Technik übertragen und angewendet werden.

c. Bionik ist interdisziplinär und vereint Biologie, Ingenieurwissenschaften, Architektur, Physik, Chemie und Materialforschung.

d. Vorbilder sind Lebewesen, die sich im Lauf der Evolution an die verschiedensten Lebensbedingungen angepasst haben.

e. Durch die Vielfalt der Lebewesen und Umwelten bietet die Natur unendlich viele Lösungsmodelle für technische Fragestellungen.

Der Lotus-Effekt

Als „Lotus-Effekt" wird die besondere Fähigkeit der Lotusblume bezeichnet, sich selbst zu reinigen. Denn ihre Blätter besitzen eine raue, mit Mikropartikeln versehene Oberfläche, auf der die Regentropfen einfach abrollen; daher wird das Blatt selbst nicht nass. Aus diesem Grund werden beim Abrollen Schmutzpartikel und Staub entfernt und die Blattoberfläche bleibt immer sauber. [...]

Aufgabe 4
geschlossen

a) Unterstreichen Sie alle kausalen Konnektoren ...

Im Text unterstrichen

halb offen
Modelllösung

b) Verbinden Sie die Sätze zum Thema Lotus-Effekt mit ...

1. Das Blatt der Lotusblume wird nicht nass, weil das Wasser abperlt.
2. Das Blatt der Lotusblume wird auch nicht schmutzig, denn die abrollenden Wassertropfen nehmen den Schmutz mit.
3. Die Tropfen perlen mit dem Staub ab, da die Oberfläche des Blattes rau ist.
4. Dadurch, dass die Oberfläche des Blattes rau ist, gibt es wenig Kontaktpunkte zwischen Blatt und Wasser bzw. Schmutz.
5. Bestimmte Farben für Hausfassaden und Autolacke besitzen eine Oberfläche mit Lotus-Effekt, deswegen reinigen sie sich selbst.

Aufgabe 5
geschlossen

Wandeln Sie die nominalen Phrasen ...

1. Oberflächen, die sich selbst reinigen
2. Haftelemente, die glatte Oberflächen energiearm halten können
3. Konzepte, die an die Bedingungen der Umgebung angepasst sind
4. Lebewesen, die jedem verfügbaren und noch so unwirtlichen Lebensraum angepasst sind
5. ein „Neuerfinden", das durch die Natur angeregt wurde
6. funktionale Lösungen, die in Milliarden Jahren evolutionärer Entwicklung erprobt und optimiert wurden
7. Biologen, Ingenieure, Architekten, Physiker, Chemiker und Materialforscher, die interdisziplinär eng zusammen arbeiten

10.2. Bionik in der Praxis – das Beispiel Festo

10.2.1. Das Unternehmen Festo

Aufgabe 6
geschlossen

a) Ergänzen Sie den Lückentext … / b) … die Tabelle …

a) (1) Familien(unternehmen), (2) 300.000, (3) 176, (4) Automatisierungstechnik, (5) über 2.900, (6) Jahr, (7) 100, (8) technischen, (9) Weltmarktführer

b) **Typische Aufgaben:**
- Greifen, Bewegen, Positionieren von Gütern
- Steuern und Regeln von Prozessen
- Komponenten von Festo werden in der Produktion und Montage eingesetzt

Industriesegmente:
- Automobil- und Elektronikindustrie
- Wasser und Abwassertechnik
- Biotech- und Pharmaindustrie
- Bergbau, Laborautomatisierung
- Nahrungsmittel- und Getränkeherstellung

Aufgabe 7
halb offen

a) Bilden Sie *möglichst viele* Komposita. Sie …

b) Welche Grundwörter haben Sie öfter …

Vermutlich
-technik, -industrie, -unternehmen
bitte unbedingt begründen und diskutieren lassen!

geschlossen

c) Erinnern Sie sich noch an zwei Regeln …

Nach den Endungen -ung und -ion kommt immer ein Fugen-s

Aufgabe 8
geschlossen

Ergänzen Sie die Artikel, Präpositionen und …

Festo ist in vielen verschieden en Bereichen tätig; zu den Industriesegment en der Prozessautomation gehören u. a. Abwassertechnik, die Herstellung von Nahrungsmittel n und Getränke n sowie die Biotech- und Pharmaindustrie.

In der Automatisierungstechnik geht es um Aufgaben wie das Bewegen von Gütern sowie das Steuern und Regeln von Prozessen. Komponenten von Festo werden in der Produktion und Montage verschiedenster Branchen eingesetzt. In der Automatisierungstechnik ist Festo weltweit führend, ebenso in der technischen Aus- und Weiterbildung. Die Bionik führt zu neuartigen Lösungsansätzen für die industrielle Praxis, weil die Natur großartige Beispiele für technische Innovationen bietet. Festo lässt neueste Erkenntnisse aus der Bionik in die Entwicklung seiner Produkte einfließen. Bionische Forschung zeigt, wie man in / aus der Natur überraschende Lösungen für technische Fragen suchen und finden kann.

Aufgabe 9
geschlossen

Tragen Sie die richtigen Oberbegriffe …
Spalte 1: Bewegen, **Spalte 2:** Steuern und Regeln, **Spalte 3:** Prozesse, **Spalte 4:** Diagnose

10.2.2. Bionic Learning Network

Aufgabe 10
halb offen

Tragen Sie die passenden Schlüsselwörter in …
Hier in Sätzen, die Schlüsselwörter sind die Nomina oder Satzteile.
Teilnehmer: Das Team besteht aus Ingenieuren und Designern, Biologen und Studenten, Spezialisten aus anderen Unternehmensbereichen und andere Partner aus der ganzen Welt.
Ziele: Von der Natur lernen. Welche Strategien, die im Lauf der Evolution zur Anpassung an die Umwelt entwickelt wurden, kann man auf die technische Welt übertragen?

Aufgabe 11
offen

Schreiben Sie aus Ihren Schlüsselwörtern eine kurze …
Das Schreiben von Zusammenfassungen ist eine aus der Mode gekommene, aber ausgezeichnet wirkende Methode, um Lernstoff und Lexik zu festigen. Hier wird sie durch eine kreative Anregung ergänzt: Wie könnte man zu „Bionic Learning Network" auf Deutsch sagen? An dieser Stelle bietet sich eine Diskussion zum Thema „Deutsch oder Englisch? Deutsch und Englisch? Denglisch?" an.

Aufgabe 12
geschlossen

In der folgenden Tabelle werden drei …

Prinzip	Erklärung	Beispiel aus Natur	technisches Beispiel (Festo)
Energieeffizienz	Minimum an Energieaufwand, Maximum an Leistung	Pinguin: Isolierung, Strömungsform	Umsetzung der energieeffizienten Form: AquaPinguin, AirPinguin
Leichtbau und Funktionsintegration	je weniger Gewicht beim Bewegen, desto geringerer Energieverbrauch	Zugvögel - leichtes Skelett	Leichtbau: spart Energie, weniger Material
Lernen und Kommunizieren	Optimierungsstrategie: Kommunizieren, z. B. mitteilen, wo die beste Nahrung ist	Organismen kommunizieren miteinander	AquaJelly, AirJelly

Aufgabe 13
offen
Typ: Technische
Gespräche

Recherche

a) und b) Gehen Sie auf die Startseite von Festo (www.festo.com) …
Die Recherche und Wiedergabe des aktuellen „Thema des Monats" – das ist eine ideale vorbereitende Hausaufgabe.

10.2.3. Bionische Prinzipien

Aufgabe 14
offen -
Gruppenarbeit

Wählen Sie einen der drei Sätze …
Da in der Auflistung drei bionische Prinzipien genannt werden, bietet sich eine Aufgabe für drei Gruppen an. In einer größeren Lerngruppe können das aber auch sechs Gruppen sein, sodass jedes Thema 2x vorgetragen wird. Die Gliederung des Gruppenreferats ist durch a) – d) vorgegeben; passende Redemittel und Begriffe ebenfalls.

10.2.4. Modellhafte technische Objekte

Aufgabe 15
geschlossen

Welches Bild gehört zu welchem Text? Ordnen ...

 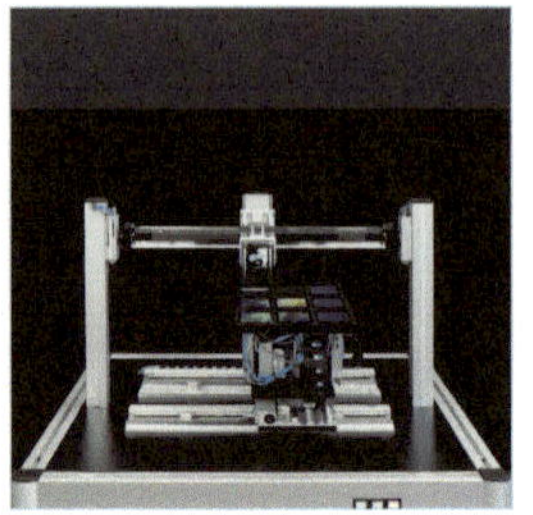 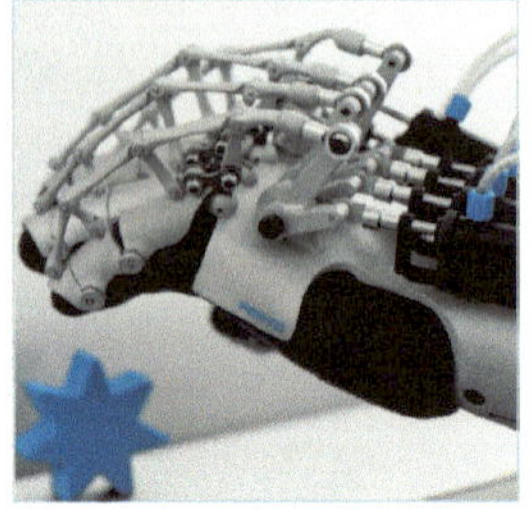 

Bionic Opter

NanoForceGripper

ExoHand

Bionischer
Handling-Assistent

Achtung!

Bild 5 (NanoForceGripper) ist nicht ganz eindeutig erkennbar. Um Missverständnisse auszuschließen, sollte man unbedingt alle vier Objekte auf der Homepage von Festo (www.festo.com) ansehen, und zwar als Kurzvideo, damit die Funktion der Objekte genau gesehen und verstanden werden kann.

Aufgabe 16
offen

a) und b) Wählen Sie eines dieser Objekte von ...

a) Falls nötig, kann man zuerst im Plenum ein Modell durchspielen.
Frage s. S. 328 – Antwort: empfindliche Gegenstände mit glatter Oberfläche.
Was ist das Vorbild in der Natur? – Der Gecko.
Warum kann der NanoForceGripper fast ohne Energie greifen? –Weil sich an seiner Unterseite eine spezielle Folie befindet, wie bei einem Gecko.
Was bewirkt diese Folie? - Sie haftet sicher und dauerhaft an dem, was man greifen will. (= Greifgut)
Wofür wird überhaupt nur Energie verbraucht? – Nur zum Aufheben und Ablösen ist ein geringe Energie notwendig.

b) Eine effektive Kontrolle der schriftlichen Zusammenfassungen besteht darin, sie in der Gruppe vorzulesen und von den anderen Mitgliedern der Gruppe beurteilen zu lassen. Kriterien: Ist der Text verständlich? Sind die Sätze klar? Sind die Hauptinformationen enthalten?

Aufgabe 17
geschlossen

Analysieren Sie folgende ...

a) Hier folgen die Komposita mit Artikel, das *Grundwort* ist *fett, das Fugen-s violett eingefärbt*.
Das Assistenz**system**, das Bau**teil**, das Bedien**konzept**, der Bewegung**sab**lauf, die Bild**erkennung**, die Echt**zeit**, das Einsatz**gebiet**, der Energie-

aufwand, die Fern**manipulation**, die Flügel**bewegung**, der Flügel**schlag**, die Flug**eigenschaften**, das Flug**objekt**, das Flug**verhalten**, die Funktions**integration**, das Greif**gut**, die Handhabungs**lösung**, die Lage**orientierung**, der Leicht**bau**, die Medizin**technik,** die Ober**fläche**, die Raum**richtung**, der Regelungs**algorithmus**, die Roboter**hand**, die Service**robotik**, die Sprach**steuerung**, der Steuerungs**algorithmus**, die Technologie**plattform**, die Unter**seite**, der (Deutsche) Zukunfts**preis**

offen

b) und c) Es handelt sich um meist abstrakte Lexik, die aus dem Kontext oft erschlossen werden kann, aber sicher nicht in kleinen Wörterbüchern steht. Es kommt weniger darauf an, für alle Wörter Übersetzungen zu finden, als darauf, über die Bedeutung der Wörter im Rahmen von Bionik und Technik zu diskutieren.

10.2.5. Methoden in der Bionik

Aufgabe 18
geschlossen

In den folgenden zwei Texten werden …

Methode: Top-Down-Prozess

Methode: Bottom-Up-Prozess

Aufgabe 19
halb offen
Modelllösung

Notieren Sie die Bedeutung dieser Wörter durch …
(1) ohne Mühe, leicht, (2) mit wenig Energie, (3) ohne Rückstände, (4) bewirken, dass etwas irgendwo (befestigt) bleibt, (5) loslassen, nicht mehr festhalten, (6) eine Form so verändern, dass sie nicht mehr gerade ist
Bitte prüfen Sie die Übersetzungen.

Aufgabe 20
geschlossen

Zeichnen Sie je eine kleine Skizze zu …

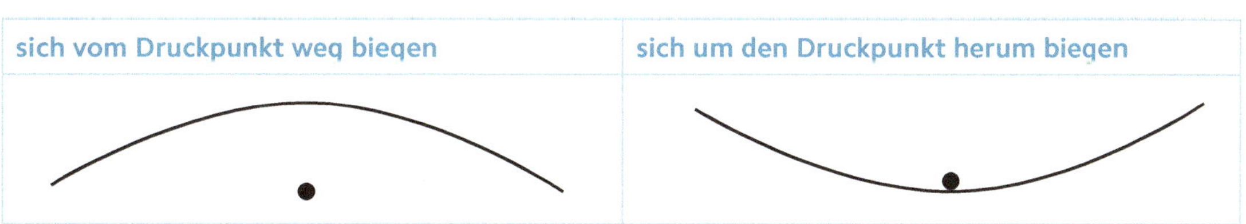

Aufgabe 21
geschlossen

Nummerieren Sie die Stichwörter in der richtigen Reihenfolge.
Der ganze Text in der richtigen Reihenfolge:
1. Technisches Problem: Anheben von glatten Oberflächen ohne Vakuumtechnik oder Greifer
2. Erfolgreiche Suche nach Lösungsmöglichkeiten

3. Entdeckung des biologischen Vorbilds Gecko
4. Müheloses Klettern an glatten Oberflächen
5. Müheloses Halten eines Vielfachen des eigenen Gewichts
6. Tausende von Nanohärchen am Fuß des Geckos
7. Nachbildung der Haftelemente des Geckos durch Spezialfolie
8. Festhalten ohne Energieaufwand
9. Spezieller Ablösemechanismus
10. Fähigkeit des NanoForceGripper: energiearmes Aufnehmen und rück-
    standsfreies Ablegen

Aufgabe 22
halb offen
Modelllösung

In der schriftlichen Fachsprache verwendet man häufig ...

1. **Erfolgreiche Suche ···:** Man hat erfolgreich nach möglichen Lösungen gesucht / Die Suche nach Lösungsmöglichkeiten hatte Erfolg.
2. **Nachbildung ···:** Die Haftelemente des Geckos wurden durch eine Spezialfolie nachgebildet. / Man hat durch eine Spezialfolie die Haftelemente des Geckos nachgebildet.
3. **Anwendung ···:** Die Technologie wurde in einem industriellen Umfeld angewandt / angewendet.
4. **Ableitung ···:** Man hat ein natürliches Phänomen untersucht und danach ein technisches Grundprinzip abgeleitet. / Nachdem ein natürliches Phänomen untersucht wurde, wurde daraus ein technisches Grundprinzip abgeleitet.
5. **Weiterentwicklung ···:** Etwas wurde beobachtet und dann zu einem Serienprodukt weiterentwickelt.

10.2.6. Von der Bionik zur Biomechatronik

Aufgabe 23
offen

Beschreiben Sie: Was zeigt das Bild ...

Aufgabe 24
geschlossen

Verbinden Sie die Synonyme
1d, 2a, 3e, 4c, 5f, 6b

Aufgabe 25
offen

Schreiben Sie einen kleinen Text, in dem Sie ...

Aufgabe 26
offen - Typ:
Technische
Gespräche

Recherche

Und zum Schluss eine Anregung: Über ein *feed-back* zum Thema Bionik und Automatisierungstechnik am Beispiel eines konkreten Unternehmens würden wir uns sehr freuen. Wenn es passt, dann lassen Sie doch Ihre Lerner uns eine Email schreiben, was ihnen an diesem Kapitel gefallen hat – und was nicht. Unsere Adresse: deutschfueringenieure@gmail.com.

Zu Kapitel 11: Informatik

Zum Inhalt

Spezialisierungen
und Materialauswahl

Mit der aktuellen Entwicklung in Naturwissenschaft und Technik ist das Fach Informatik dermaßen „auf dem Vormarsch", dass man schon lange nicht mehr von *der* Informatik sprechen kann; vielmehr gibt es zunehmende Spezialisierungen in der theoretischen, praktischen, technischen und angewandten Informatik. Eine gezielt adressatenspezifische Materialauswahl ist im Rahmen eines Sprachlehrbuchs, das für DaF-Lernende aus ingenieurwissenschaftlichen Fächern generell konzipiert ist, nicht zu leisten, deshalb haben wir uns auf *allgemeine* Basisinformationen konzentriert.

Bekanntlich wird gerade im Bereich der Informatik vorwiegend in englischer Sprache kommuniziert; die Fachliteratur – vor allem in Form von Fachzeitschriften – erscheint größtenteils auf Englisch. Trotzdem halten wir es für sehr angebracht, dass für Techniker und angehende Wissenschaftler, die mit deutschsprachigen Partnern kommunizieren wollen, die Möglichkeit besteht, sich eine Verständigungsbasis in Deutsch anzueignen. Deshalb haben wir Texte zusammengestellt, welche die grundlegende Fachlexik zur Einteilung des Fachs Informatik, Datenstrukturierung, Computeraufbau und -architektur sowie viele technische Bezeichnungen darbieten. Bestimmte Programmiersprachen kommen dabei *nicht* vor; sie sind einerseits zu speziell und andererseits kein DaF-Thema mehr.

Zur Sprache

einfacher Satzbau

Im Satzbau ist die vorgestellte Sprache tendenziell einfach, fast eintönig, da sich die Satzkonstruktionen immer wiederholen. Die Kenntnis eines Grundbestandes an sprachstrukturellen Mitteln zur exakten Beschreibung, meist in unpersönlicher Form und immer im Präsens, ist ausreichend.

viel Fachlexik

Dagegen ist die Fachlexik erwartungsgemäß umfangreich und differenziert. Wichtig zu aktiver Kommunikation ist ein kleiner Grundbestand an Verben, die für *Handlungen* treffend eingesetzt werden müssen (s. u.). Für die Entschlüsselung der zahlreichen Nomina muss man selbstverständlich die Struktur von Nominalkomposita kennen (Adjektive spielen hier kaum eine Rolle), fachtypisch sind hier auch die Kombinationen von englischen und deutschen Worten / Wortteilen. Zum Verstehen von Texten und abstrahierenden Schemata (Abb. 2,3) sind die englischen Begriffe sehr nützlich.

Methodisch sind wir so vorgegangen, dass mit stilistisch einfachen, sachlichen Fachtexten, in denen sich ein – oft hochredundanter – Grundbestand an Fachlexik befindet, die Rezeptionsfähigkeit für Themen aus der Informatik schrittweise aufgebaut wird, oft durch gezielte Übungen zu einzelnen Aspekten,

z. B. Zuordnungen (A4, A5, A10, A16, A21, A26), inhaltliche Fragen (A6, A15, A17, A22, A23) und viele strukturelle Aufgaben (Passiv A13, A14). Alle Elemente dienen dem Aufbau im Kontext der Informatik.

Mix aus Deutsch und Englisch

Ein Merkmal der deutschen Fachsprache Informatik ist die Durchdringung mit englischen Begriffen. Durch die Verbreitung von zahllosen Technologien rund um Computer und Internet sind viele ursprünglich fachspezifische Wörter inzwischen Wörter der Allgemeinsprache geworden. Die Überschneidung von Fach- und Allgemeinsprache ist gerade in diesem Bereich auffällig. Manche behalten ihre englische Form und Schreibweise, andere werden „eingedeutscht", wie am Text „Embedded Systeme" (11.5) und in A16 exemplarisch gezeigt wird.

Das Sammeln von Beispielen (*downladen, getwittert, googeln* …) ist immer unterhaltsam und nützlich. Die Orthografie zeigt sich in diesem Bereich flexibel, oft sind mehrere Varianten zu finden (*downgeladen, gedownloaded* …). Sprachpuristen finden diese Entwicklung (Schlagwort „Denglisch") sehr negativ, man muss sie wirklich nicht „schön" finden, aber es lohnt sich, diesen Aspekt der aktuellen Sprachverwendung bewusst zu betrachten. Vor allem dienen die englische Fachlexik und die internationalen Abkürzungen (s. A21) generell der besseren Verständigung und sind somit ein funktionierendes Kommunikationsmittel.

Verben

Es gibt eine größere Anzahl von fachtypischen Verben, die im Kontext der Informatik vielfach wiederholt werden (*speichern, kopieren, sich befinden, verarbeiten, einlesen, ablegen* etc.). Diese werden nach der Textlektüre gezielt gesammelt (A11) und geübt (A12, A13, A14), wobei sowohl die semantische als auch die syntaktische Seite berücksichtigt wird.

Oft beschreiben diese Verben Handlungen, und zwar sowohl Aktionen des Computers als auch Aktionen mit bzw. an dem Computer. Wir schlagen daher zwei semantische Gruppierungen häufiger Verben vor (A12):

1. Verben zur Bezeichnung dessen, was man mit Daten tun kann
2. Verben zur Benennung und Beschreibung

Grammatik in Funktion

Gerade bei den Verben ist die Verknüpfung von Bedeutung (Semantik) und Struktur (Syntax) sehr eng, ja oft untrennbar: Die grammatische Struktur steht für eine bestimmte Bedeutung. Dies gilt für Passiv- und Aktiv- sowie Modalsätze allgemein, wobei je nach semantischer Betonung ein bestimmter Modus bzw. ein bestimmtes Modalverb gewählt und damit ein Aspekt fokussiert wird. Besonders deutlich wird das bei Wendungen und Konstruktionen mit den Verben „*bekommen, erhalten*" in Verbindung mit dem Partizip II (z. B. *sie bekommt das Buch geschenkt*). Solche Sätze haben eine Aktiv-Form, jedoch passivische Bedeutung (indirektes Passiv); vgl. dazu im Grammatik-Tipp (S. 346) und A13, A 14.

11.1. Zum Begriff Informatik

Aufgabe 1
offen

Was ist Informatik? Sammeln Sie …

Aufgabe 2
geschlossen

a) Lesen Sie den folgenden Kurztext und …

Nur der erste Satz ist eine (kurze) Definition:

Informatik ist die Wissenschaft der maschinellen Informationsverarbeitung.

halb offen

b) Welche Überschrift passt zum anderen Teil?

Der andere Teil des Textes könnte so betitelt werden:

Aufgaben und historische Entwicklung der Informatik

Aufgabe 3
offen

Schreiben Sie jetzt eine eigene Definition, die …

Hier ist vor allem die *Diskussion* mit den verschiedenen Begründungen, was warum in die eigene Definition aufgenommen wurde, interessant.

11.2. Einteilung der Informatik

Aufgabe 4
halb offen

Lesen Sie den Text „Einteilung der Informatik" und …

Begriff	Kurzdefinition	Beispiel
Theoretische Informatik	theor. Grundlagen wie z. B. Automatentheorie, Logik … Berechenbarkeits- u. Komplexitätstheorie, formale Semantik u.a.	math. Formalisierung von Problemstellungen Basis für Programmiersprachen
Praktische Informatik	Brücke zwischen Hardware und Software Umsetzung konkreter Probleme mit Softwaretechnik	Programmiersprachen

Technische Informatik	Bereitstellung und Betrieb von Hardware: Rechnerarchitekturen und Netzwerke	Konstruktion von Rechnern, Speicherchips usw.
Angewandte Informatik	Wissenschaften, die sich die Informatik zu Nutze machen	Medieninformatik, Computerlinguistik

Aufgabe 5
geschlossen

a) Suchen Sie im Text „Einteilung der Informatik" alle ...
(sie) umfasst .., ist zu verstehen als .., es gibt

halb offen
Modelllösung

b) Schreiben Sie auf, wie man anders ...
etwas benutzen als ..., etwas ausnutzen als / für ..;
etwas stellt eine Brücke zwischen .. und .. dar, man kann etwas als
eine Brücke zwischen .. und .. ansehen, etwas als Brücke / Verbindung
zwischen .. und .. verstehen / begreifen

Aufgabe 6
offen

Suchen Sie sich einen Bereich der angewandten ...
Wichtig ist, dass die Präsentationen *kurz und präzise* sind, dass passende Fachlexik im Kontext erscheint und die Redemittel tatsächlich eingesetzt
werden. Die Zuhörer sollten angehalten werden, nachzufragen (z. B. zur
Bedeutung einzelner Begriffe) und die Sprecher müssen in der Lage sein,
diese zu erklären bzw. zu übersetzen.

Aufgabe 7
offen

Unterstreichen Sie in den folgenden drei Kurztexten alle ...
Der *richtige* Umgang mit Wörterbüchern kann gar nicht oft geübt und
reflektiert werden: Zuerst überlegen, dann suchen – und immer überlegen,
wo man sucht!

11.3. Daten, Bits und Bytes

Aufgabe 8
geschlossen

Schreiben Sie auf, wie man zu ... *sagt:*
kBit = Kilobit, kByte = Kilobyte (Aussprache: „Bait"), MBit = Megabit,
MByte = Megabyte, GBit = Gigabit, GByte = Gigabyte

Aufgabe 9
geschlossen

Lesen Sie laut vor:
Der Versuch, zehn- und mehrstellige Zahlen zu verbalisieren, erweist sich
nahezu als unmöglich, deshalb verwendet man ja die Potenzen und die dem
Wort Bit/Byte vorangestellten Silben.

Modelllösung   Eine Million achtundvierzigtausend fünfhundertsechsundsiebzig Bit entsprechen einem (oder: sind ein) Megabit (also 20 hoch zwanzig Bit).

11.4. Dateien, Dateisysteme und Schnittstellen

Der Text (S. 343, 344) enthält eine Fülle von Fachlexik im Kontext; der Wortschatz muss nicht beim ersten Lesen vollständig verstanden werden, denn die Aufgaben A10 bis A15 behandeln bestimmte syntaktische und semantische Aspekte (ein Schwerpunkt: Verben) und dienen damit schrittweise auch dem allmählichen Erschließen des Wortschatzes und der Inhalte.

Aufgabe 10
geschlossen

Externe Schnittstellen und Laufwerke … : Ordnen Sie …

4	USB	3	Mikrofon-Eingang	1	SD-Cardreader
6	VGA-Ausgang	2	Kopfhörer-Ausgang	5	Kensington Lock
8	HDMI	7	Netzteil	6	LAN / Ethernet

Aufgabe 11
geschlossen –
halb offen

Legen Sie eine Liste *aller Verben* an, die …

Aufgabe 12
halb offen

a) Sagen Sie zu möglichst vielen Verben die grammatischen Formen:
Der „Trick" mit dem Sammeln, Konjugieren und Ordnen der Verben dient in erster Linie dazu, dass die Lernpartner mit Hilfe von Vorwissen und Text Sätze über Dateien, Dateisysteme, Rechner usw. bilden, also *Aussagen machen* können. Nur dann wird bekannte Fachlexik in sinnvolle Zusammenhänge gestellt und mit neuem Fachwortschatz ergänzt. Wenn dabei Sätze gebildet werden, die nicht im Text stehen, aber inhaltlich passen – umso besser!

offen
b) Notieren Sie die Verben, bei denen es Probleme gibt!

halb offen
Modelllösung
c) Vergleichen Sie Ihre Verbliste mit Ihrem Lernpartner …
Die Verben der Gruppe 1 kann man gut erweitern: Man kann noch viel mehr mit Dateien tun – sie vergessen, schreiben, verschicken usw.

Gruppe 1: Verben, die bezeichnen, was man mit Daten **tun** kann:

man kann Daten kopieren

speichern, verarbeiten, ablegen, erstellen, einlesen, aufrufen, verwalten, ordnen …

Zu den Verben der Gruppe 2 finden sich im Text viele Wendungen (z. B. *sich dort befinden wo …, verbunden sein mit …*), mit denen man korrekt beschreiben kann. Lassen Sie möglichst viele Beispielsätze formulieren; das ist auch als vor- oder nachbereitende Hausaufgabe sehr ergiebig.

Gruppe 2: Verben, die bezeichnen, **wie** etwas ist oder wie man es genauer **beschreiben** kann:

dienen zu (der Messung von …)

(in einem Zusammenhang) stehen, enthalten, aufweisen, (eine Struktur) aufweisen, etwas bezeichnen als, zuständig sein für, sich dort befinden wo, etwas bilden, etwas ermöglichen, vorkommen in, verbunden sein …

halb offen
Modelllösung
d) Was bedeuten folgende Wendungen? Schreiben Sie …
A12 d) ist eine Fortsetzung von A12 c); auch hier hat die Grammatik (Passiversatzformen) eine semantische Funktion im Sinne von: *etwas ist möglich, etwas geschieht.*
Man soll/muss Strukturen festlegen.
Daten können gespeichert werden.
Etwas wird vorangestellt.

Im Grammatik-Tipp werden ähnliche Konstruktionen vorgestellt und erklärt. Dabei geht es nicht in erster Linie um die grammatische Form (indirektes Passiv), sondern um die Bedeutung der Sätze. Auch hier ist das Suchen nach weiteren Beispielen die beste Transferübung.

Aufgabe 13
geschlossen

Suchen Sie nun alle Passivkonstruktionen im Text und …

Interessanterweise finden sich in den Texten keine „richtigen" Passivsätze mit Modalverben, aber indirekte Passivformen. Man kann für A13 also wahlweise solche Beispiele in die letzte Spalte eintragen oder vorhandene Sätze in „richtige" Passivsätze umformen (z. B. sie bekommen etwas vorangestellt – etwas kann vorangestellt werden). Im Textbefinden sich zwar Beispiele für Spalte 2 und 4, aber kein exaktes Vorgangspassiv. Lassen Sie daher mit anderen Verben passende Beispiele suchen.

Seite	Zustandspassiv	Vorgangspassiv	Passiv mit Modalverb
360	…	wird dargestellt	.. bekommen vorangestellt (s. Grammatik-Tipp)
361	… sind abgelegt … ist vermerkt	… werden erstellt … werden angegeben, abgelegt	soll eine Auswahl sein (zwar Modalverb, aber kein Passiv!) Passiv wäre z. B.: etwas soll ausgewählt werden
362	… sind verbreitet … sind herausgeführt	…	… verbunden werden müssen … kann verwendet werden

Aufgabe 14 & 15
offen

Schreiben Sie sechs … Formulieren Sie sechs Fragen, die …

11.5. Embedded Systeme

Aufgabe 16
geschlossen

Tragen Sie nach der Lektüre des Textes …

Die Tabelle (die man gut mit anderen Wörtern erweitern kann) dient als Diskussionsgrundlage zu der Tatsache, dass durch die Informatik sehr viele englische Wörter in die deutsche Sprache (wie in andere Sprachen auch) eingedrungen sind.

zweigliedrig, Wortbestandteile …	Mix aus deutschen und …	englische Begriffe, (oft) im …
Flugzeug, Waschmaschine Anwendungsumgebung	Embedded Systeme Hardware-Ausfälle Embedded-Komponenten	Personal Computer (PC)

Erklären Sie die Bedeutung der Wendungen und ...

Antonyme

Technisch noch unausgereift - ohne Zusammenhang – strukturlos sein - es besteht keine Notwendigkeit - es ist kein Trend zu erkennen - ohne Übergang zwischen A und B

Suchen Sie verwandte Wörter:

Zeile 1: stabil, stabilisieren, für Stabilität sorgen; **Zeile 2:** verfügbar; **Zeile 3:** der Trend, einen Trend bilden, der Trend geht in Richtung ..

Recherche:

Suchen Sie im Internet je ein konkretes ...

Die Struktur dieser Transferaufgabe ist genau vorgegeben:
Zentral ist die Angabe der Funktion des Beispiels sowie der Quelle.

11.6. Computer-Architektur

Unterstreichen Sie bitte beim ...

Die Anweisung, wieder die Verben zu suchen, hat methodisch den Zweck:
a) zu erkennen: die Verben sind immer die gleichen und sie sind leicht
b) nur mit den passenden Verben entstehen sinnvolle Sätze im Kontext
   Informatik
Es handelt sich dabei um ein erprobtes Mittel gegen die Ein-Wort-Sätze, bei denen bekannte Begriffe (z. B. *„USB"„Kopfhörer"„Microsoft"*) zusammenhanglos in die Klasse gerufen werden.
Folgende Verben befinden sich im Text:
entwickeln, bestehen aus, vereinen, übernehmen, ausführen, holen, sein, basieren, erweitern, ableiten, kommen

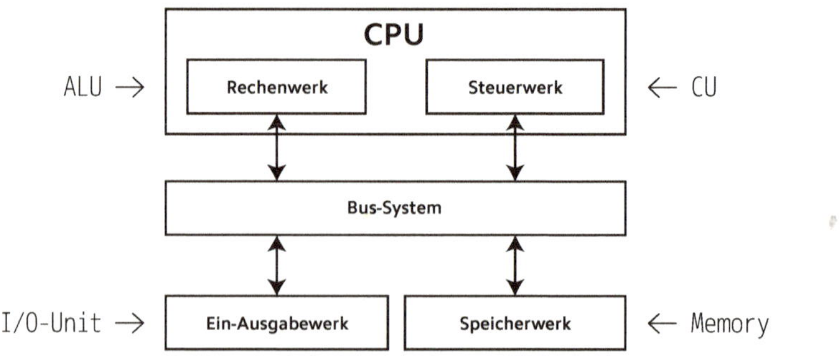

Aufgabe 21
geschlossen

Schreiben Sie die *englischen Abkürzungen* zu den ...

Aufgabe 22
geschlossen

Beantworten Sie folgende Fragen:

1. EVA-Prinzip bedeutet: Eingabe – Verarbeitung - Ausgabe
2. Der Ausdruck „.. ist dabei der Flaschenhals" bedeutet, dass durch diese entscheidende Stelle alles (hier: Daten) hindurchfließen muss. Wenn die nicht in Ordnung ist, funktioniert gar nichts.
3. Der Von-Neumann-Rechner ist ein sehr einfaches Modell eines Computers, trotzdem basieren alle modernen Computer auf diesem Modell.

Aufgabe 23
offen

Fassen Sie anhand der Grafiken zusammen, worin ...

Sollte es inhaltliche Probleme geben, hilft: www.elektronik-kompendium.de Für die sprachlichen Aspekte genügen die Redemittel zum Vergleichen sowie die bisher behandelten Verben.

11.7. Hauptprozessor, Taktgeber, Bussystem

Aufgabe 24
geschlossen

Unterstreichen Sie beim Lesen der drei folgenden ...

Welche Wörter als Schlüsselwörter unterstrichen werden, entscheidet zunächst der Leser. Ob es die „richtigen" waren, ergibt sich dann beim Ausfüllen des Lückentextes.

(1) Hauptprozessor (engl. CPU), (2) verarbeitet, (3) gesteuert, (4) Speicher, (5) Informationsverarbeitung, (6) Taktgeber, (7) geschaltet, (8) Systemtakt, (9) Taktgeschwindigkeiten, (10) Hauptprozessors, (11) Bussystem, (12) definiert, (13) Komponenten, (14) untereinander, (15) Prozessor, (16) austauschen, (17) unterschiedliche, (18) verbunden

Aufgabe 25
geschlossen

Welche Verben stecken in folgenden Komposita ...

Zeile 1: verarbeiten, auch: informieren **2:** geben, takten **3:** leisten, verarbeiten **4:** anordnen, leisten **5:** leiten, steuern

11.8. Peripherie und Datenspeicher

Aufgabe 26 **Kennen Sie – neben Tastatur, Monitor, Maus …**
geschlossen

PC-Peripherie	Prozessrechner-Peripherie	Datenspeicher
Tastatur, Bildschirm, Maus, Drucker, Scanner	Sensoren, Wandler, Endstufen, Stellglieder	Festplatte, Wechsel-speicherlaufwerk, Halblei-terspeicher

Aufgabe 27 **Zählen Sie auf, welche …**
offen Anwendung und Transfer von Informationen aus Text und Tabelle.

11.9. Schichtenmodell in der Computertechnik

Aufgabe 28 **Ordnen Sie die Stichpunkte der Spalte …**
geschlossen

Schicht	Thematische Einteilung	Beschreibung
7. Nutzer	*Aufgabe oder Problemstellung des Nutzers*	Um eine Aufgabe zu erledigen oder ein Problem zu …
6. Anwendung	allgemeine Informatik, anwendungsbezogene Grundlagen	Die Programmierung von Anwendungen erfordert Kenntnisse …
5. Betriebssystem	allgemeine Informatik, Systemarchitektur	Die Systemprogrammierung …
4. Architektur	allgemeine Informatik, Rechnerarchitektur, numerische Mathematik	Ab hier beginnt oder endet, je …
3. Logische …	Digitaltechnik, Schaltalgebra, numerische Mathematik	Die logische Ebene ist Bestandteil der Digitaltechnik. Dazu zählen …
2. Elektrische …	Elektronik, Halbleitertechnik, Schaltkreistechnik	Die elektrische Ebene umfasst die Elektronik, Halbleitertechnik und …
1. Physikalische …	theoretische Physik und Elektrotechnik	Die physikalische Ebene umfasst die theoretische Physik …

Zu Kapitel 12: Perspektiven und Möglichkeiten für Ingenieure „Made in Germany"

Zum Inhalt

Das letzte Kapitel schließt den Kreis zum ersten und greift das Thema Bildung und Chancen erneut auf. Das Abschlusskapitel zeigt konkrete Möglichkeiten und Perspektiven für diejenigen, die sich ernsthaft für eine weitere Qualifikation in Deutschland interessieren. In erster Linie geht es darum, zu verstehen, dass man sich zur Realisierung solcher Pläne präzise informieren muss. Nicht Gerüchte und Beziehungen, sondern exakte Informationen über die realen Möglichkeiten sind der Schlüssel zu Erfolg. Es gibt so viele Stipendien, Netzwerke, Informationsquellen für Praktika, Unterstützung für alle Fragen rund um eine Weiterbildung in Deutschland – wir zeigen den Weg dorthin.
Viele Leute können sich gar nicht vorstellen, wie viele Chancen überhaupt existieren. Deshalb stehen Info-Texte mit klaren Positionen und Fragen im Vordergrund, z. B.: Wo kann man sich kompetent beraten lassen? Welche Institutionen bzw. Organisationen bieten welche Unterstützung an? Welche Bedingungen gelten für welche Programme? Mit welchen Kosten muss man rechnen? Was muss man bei Bewerbungen beachten? u. ä.

Kapitel 12 besteht aus zwei Teilen:

DAAD – IAESTE → Informationen zu Auslandsstudien und –praktika sowie Bewerbung
VDI → Informationen über den Verein deutscher Ingenieure e. V. als wichtige Anlaufstelle für (werdende) Ingenieure

Recherche-Aufgaben

Die meisten Aufgaben sind gezielte Internet-Recherchen bei ausgewählten, seriösen Informationsstellen mit aktuellen Adressen (Stand 2017). Es erübrigt sich, für solche Aufgaben Lösungen anzugeben. Überhaupt geht es immer weniger um „Lösungen von Aufgaben". Aus DaF-Lernenden werden – learning by doing – allmählich kompetente Nutzer deutschsprachiger Informationsquellen.

Zur Sprache

Im Zentrum steht die Lexik zu den Themen Bildung, Qualifizierung, Bewerbung. Organisationsspezifische, bildungspolitische und juristische Begriffe spielen dabei eine Rolle (z. B. *Postgraduierte, Hochschulzulassung, Visumspflicht, Praktikantenstelle, Nachweis, Trainee-Programm*). Bei den Infos über den VDI kommen landeskundliche und berufsbezogene Wörter dazu (z. B. *Vereinsmitglied, Ansprechpartner, grenzüberschreitende Anerkennung*).

12.1. DAAD – IAESTE

Aufgabe 1 &2
offen

a) Wo ist für Sie … usw. / Welche Vorstellungen …

Wortfeld: Gebühren

Aufgabe 3
geschlossen

Ergänzen Sie:
(1) versicherungspflichtig, (2) gebührenpflichtig, (3) Visumspflicht, (4) gebührenfrei, (5) betragen, (6) beträgt

Aufgabe 4 – 13
offen

Recherchen

Aufgabe 14 – 16
offen

Motivationsschreiben.
Alle drei Aufgaben behandeln das Thema Motivationsschreiben: Die Lernenden sollen die Merkmale und Funktion dieser Textsorte verstehen *und* – erkennen, dass es kontraproduktiv ist, ein Modell zu kopieren. Deshalb steht auch kein Modell da!
Vielmehr gibt es konkrete Ratschläge (A14), gezielte Recherche und Redemittel für den ersten Versuch (A15) und eine Diskussionsgrundlage zur Verbesserung (A16). Als Lehrende können Sie natürlich Entwürfe korrigieren, aber Sie helfen niemandem durch vorgefertigte Texte zum Imitieren, sondern nur durch Bewusstmachung der Kriterien (vgl. A14).

12.2. VDI

Für (werdende) Ingenieure stellt der VDI eine wichtige Anlaufstelle für Kontakte und lokale/regionale Informationen dar. Da es aber in den wenigsten Ländern ähnliche Organisationen gibt, muss geklärt werden, was ein Verein ist. Von einem Fußballverein hat wohl jeder Mensch eine Vorstellung, was man jedoch in Deutschland mit dem Begriff „e. V." verbindet, ist tatsächlich eine landeskundliche Besonderheit.

Aufgabe 17 & 18
halb offen

Fachlexik

Ziele	Kontakte, gemeinsame Aktivitäten, gleiche Interessen, gegenseitige Hilfe, bessere Möglichkeiten für Hobbies und im Beruf
Eigenschaften	bessere Möglichkeiten für alle, nicht zum Geldverdienen, sondern: mit wenig Geld von vielen Dinge für alle zu schaffen
Organisation	nicht staatlich, sondern privat organisiert, aber öffentlich wirksam, genaue juristische Regeln für die Organisation - e. V.

Aufgabe 19
geschlossen

Verbinden Sie die Begriffe mit den Erklärungen und den Beispielen
1. Spalte: 1,2,3,4;   **2. Spalte:** a,b,c,d;   **3. Spalte:** A,B,C,D
1cB (schon verbunden), 2bD, 3dA, 4aC

Aufgabe 20 – 23
offen und
halb offen

Fachlexik – Kontext VDI
In allen Aufgaben (20 – 23) geht es um den Wortschatz im Kontext VDI, um Recherche und Diskussion der Angebote. Für das Leseverstehen der Info-Texte auf diesem Sprachniveau ist eine Angabe von Lösungen nicht mehr erforderlich, sondern nur mehr ein gutes Wörterbuch.

Aufgabe 25
halb offen

Tragen Sie bitte einen roten Punkt …
Den Schluss bildet eine anschauliche Visualisierung des Recherche-Ergebnisses von A25 und damit des Netzwerks des VDI. Ermuntern Sie Ihre Lerner zu realer Kontaktaufnahme – das ist der allerbeste Transfer.

12.3. Zum Ausklang

Den Ausklang bildet ein Artikel, in dem diverse Themen des Lehrbuches zusammentreffen: die TU Ilmenau, die Bionik, der VDI, die Firma Festo und vor allem die Freude an der Technik …

Aufgabe 26
halb offen

a) Erklären Sie den Begriff „Querschnittsfach"

Querschnitt (im übertragenen Sinne) bedeutet eine Auswahl verschiedener Dinge nach bestimmten Gesichtspunkten und einen Überblick darüber.
Ein Querschnittsfach ist folgerichtig ein Gebiet, in dem aus der Perspektive mehrerer Disziplinen interdisziplinär an speziellen Fragen gearbeitet wird.

halb offen

b) Schreiben Sie in die rechte Spalte informative Stichwörter zu folgen-den Begriffen:

Biomechatronik	Schnittstelle zwischen Organismen und Maschine, Kombination von Medizin, Biologie und Technik
spezielles Angebot der TU Ilmenau	deutschlandweit einziger grundständiger Studiengang (Bachelor) in Biomechatronik
Perspektiven für die Zukunft	„golden": Medizintechnik in Deutschland - wichtigste Branche nach der Autoindustrie

Abbildungsverzeichnis

Seite